基础化学实验

王广胜 朱英 孙晓波 编著

北京航空航天大学出版社

内 容 简 介

本书为普通高等教育面向国家"一流课程"规划教材,结合"两性一度"的要求,以培养高素质人才为目标,根据近几年课程团队进行实验教学改革的实践与探索经验编写而成。本书采用从基础到创新的多层次实验设置,包括:标准化学实验的基础操作、验证理论的原理型实验、熟悉元素及化合物性质与反应的制备型实验、培养学生钻研能力的应用型设计实验、源于教学团队科研成果的创新实验以及拓展训练的虚拟仿真实验。各部分实验的选择具有实用性、趣味性、技术性和前沿性,可以依据课程目的,选取不同层次实验进行组合,从而帮助学生强化基础,培养学生探索未知的能动性、挑战性和创新性。

本书可以作为高等学校理科大类、工科大类和强基系列的基础化学实验、无机化学实验课程教材。

图书在版编目(CIP)数据

基础化学实验 / 王广胜,朱英,孙晓波编著.
北京 : 北京航空航天大学出版社,2024.8. -- ISBN 978-7-5124-4440-9

Ⅰ.O6-3

中国国家版本馆 CIP 数据核字第 2024787QA7 号

版权所有,侵权必究。

基础化学实验

王广胜 朱 英 孙晓波 编著

策划编辑 孙兴芳   责任编辑 孙兴芳

*

北京航空航天大学出版社出版发行

北京市海淀区学院路 37 号(邮编 100191)   http://www.buaapress.com.cn
发行部电话:(010)82317024   传真:(010)82328026
读者信箱: wenanbook@163.com   邮购电话:(010)82316936
北京九州迅驰传媒文化有限公司印装   各地书店经销

*

开本:787×1 092   1/16   印张:9.5   字数:219 千字
2024 年 9 月第 1 版   2024 年 9 月第 1 次印刷
ISBN 978-7-5124-4440-9   定价:49.00 元

若本书有倒页、脱页、缺页等印装质量问题,请与本社发行部联系调换。联系电话:(010)82317024

前　　言

　　化学是以实验为基础的自然科学,实验教学在化学教学中起着课堂讲授不可代替的特殊作用,是培养学生实践操作能力、理论知识应用能力和创新思维的重要途径,扮演着不可或缺的角色。本教材以培养学生实验基础和理论知识为出发点,涵盖了化学实验的基本要求、实验室守则、意外事故处理方法以及学习方法,旨在为学生提供系统全面的实验指导,培养其实践能力、创新意识和科学素养。

　　实验基础部分,在基本实验操作方面,详细介绍了玻璃仪器的洗涤和使用、化学试剂的规格和取用、重量分析等,帮助学生打下扎实的实验基础。常用仪器及使用方法的介绍,可以使学生熟悉常见仪器的操作流程。

　　基础化学实验部分,涵盖了化合物和化学反应特征常数的测定以及常见元素及其化合物的性质。学生将通过实验学习醋酸解离平衡常数测定、硫酸钡溶度积常数的测定等内容,加深对化学原理和反应特性的理解。制备分离提纯实验部分,介绍了常见化合物的制备、合成、提取、分离的实验操作,使学生能够掌握制备常用化合物的方法和实验技术。

　　创新化学实验部分,着重介绍了新型纳米材料的制备、新型催化剂的制备及性能测试、新型功能材料的制备及性能测试等内容。通过这些创新实验,学生将获得运用所学知识解决实际问题的能力,其创新思维和实验设计能力也将得到提升。虚拟仿真化学实验部分,引入了仿生超疏水界面的探究与设计、航空飞行器仿生疏水表面构筑及其防覆冰虚拟仿真实验等内容。通过参与仿真实验,学生将深入了解先进前沿仿生材料的设计与应用,获得在面对挑战时寻找创新解决方案的能力,为创新人才培养奠定基础。

　　本教材全面系统地介绍了化学实验的各个方面,注重对学生实践操作能力、理论联系实际能力、创新能力和前沿科技应用能力的培养,旨在帮助学生获得丰富的实验经验,培养学生的科学素养,为他们未来的学术研究和工程实践奠定坚实基础。

　　由于编者水平有限,书中难免存在疏漏之处,敬请读者批评指正。

编　者

2024 年 5 月

目 录

第一部分 实验基础

第1章 化学实验要求 … 3
1.1 概述 … 3
1.2 化学实验室守则 … 3
1.3 化学实验中意外事故的紧急处理 … 4
1.4 化学实验的学习方法 … 5

第2章 基本实验操作 … 7
2.1 玻璃仪器的洗涤和使用 … 7
  2.1.1 玻璃仪器的洗涤 … 7
  2.1.2 玻璃仪器的使用 … 8
2.2 化学试剂的规格和取用 … 11
  2.2.1 化学试剂的规格 … 11
  2.2.2 化学试剂的取用 … 12
2.3 重量分析法五个步骤的操作技术 … 13
  2.3.1 沉淀 … 13
  2.3.2 过滤 … 14
  2.3.3 沉淀洗涤 … 15
  2.3.4 干燥或灼烧 … 16
  2.3.5 称重 … 16
2.4 蒸发和浓缩、结晶和重结晶 … 17
  2.4.1 蒸发和浓缩 … 17
  2.4.2 结晶和重结晶 … 17

第3章 常用仪器及使用方法 … 18
3.1 称量仪器 … 18
  3.1.1 台秤 … 18
  3.1.2 电子天平 … 18
3.2 酸度计 … 19
  3.2.1 仪器标定(两点标定) … 20
  3.2.2 pH测定 … 21

3.3 分光光度计 …………………………………………………………………………… 21
   3.3.1 仪器工作原理 ………………………………………………………………… 21
   3.3.2 T6紫外可见分光光度计 ……………………………………………………… 21
3.4 电导率仪 ………………………………………………………………………………… 23
   3.4.1 仪器工作原理 ………………………………………………………………… 23
   3.4.2 使用操作方法 ………………………………………………………………… 24

第二部分 基础化学实验

第4章 化合物及化学反应特征常数的测定 …………………………………………… 27
实验1 醋酸解离平衡常数测定(pH法和电导率法) ………………………………… 27
实验2 硫酸钡溶度积常数的测定(电导率法) ……………………………………… 29
实验3 化学反应速率与活化能的测定 ……………………………………………… 31
实验4 食品中亚硝酸盐含量的测定 ………………………………………………… 35
实验5 磺基水杨酸与Fe^{3+}配合物的组成和稳定常数的测定(分光光度法) …… 37
实验6 氧化还原反应与电极电势的测定 …………………………………………… 40

第5章 常见元素及其化合物的性质 …………………………………………………… 44
实验7 氯、溴、碘的化合物 ………………………………………………………… 44
实验8 氧、硫、氮和磷 ……………………………………………………………… 48
实验9 碱金属和碱土金属 …………………………………………………………… 52
实验10 锡、铅、锑和铋 ……………………………………………………………… 56
实验11 铬和锰 ………………………………………………………………………… 61
实验12 铁、钴和镍 …………………………………………………………………… 65
实验13 铜、银、锌、镉和汞 ………………………………………………………… 69

第三部分 制备分离提纯实验

第6章 常见化合物的制备与合成 ……………………………………………………… 77
实验14 微波辐射法制备$Na_2S_2O_3 \cdot 5H_2O$ ……………………………………… 77
实验15 溶胶-凝胶法制备多孔二氧化硅 …………………………………………… 78
实验16 硫酸亚铁铵的制备 …………………………………………………………… 80
实验17 三草酸合铁(Ⅲ)酸钾的制备 ………………………………………………… 82
实验18 三氯化六氨合钴(Ⅲ)的制备 ………………………………………………… 84
实验19 β-磷酸三钙骨修复材料的制备 ……………………………………………… 86
实验20 分子筛的合成及表征 ………………………………………………………… 87
实验21 氧化石墨烯的制备与表征 …………………………………………………… 89

第7章 常见化合物的提取与分离 ……………………………………………………… 92
实验22 由鸡蛋壳制备丙酸钙 ………………………………………………………… 92

实验 23　菠菜叶中叶绿素的提取和分离 ··· 94

第四部分　创新化学实验

第 8 章　新型纳米材料的制备 ··· 99
实验 24　金属有机框架材料 ZIF-67 的制备 ··· 99
实验 25　二维材料 MXene 的合成 ··· 101
实验 26　镍空心球的制备 ··· 102

第 9 章　新型催化剂的制备及性能测试 ··· 104
实验 27　利用二氧化钛与光催化降解含铬废水 ··· 104
实验 28　纳米二氧化锰的合成及其氧还原催化性能测试 ····························· 107
实验 29　锡纳米颗粒及二氧化碳电化学催化还原 ······································ 110
实验 30　月季花基掺杂碳纳米材料氧还原电催化剂 ··································· 114
实验 31　太阳能驱动的高效电催化还原二氧化碳 ······································ 115

第 10 章　新型功能材料制备及性能测试 ·· 119
实验 32　类荷叶结构薄膜及其电化学可逆的浸润性 ··································· 119
实验 33　锂离子电池正极材料 $LiFePO_4/C$ 的制备及电化学性能研究 ············· 123
实验 34　染料敏化太阳能电池的制备和性能测定 ······································ 126

第五部分　虚拟仿真化学实验

第 11 章　仿生材料的设计与性能研究 ·· 133
实验 35　仿生超疏水界面的探究与设计 ·· 133
实验 36　航空飞行器仿生疏水表面构筑及其防覆冰实验 ····························· 136

参考文献 ·· 143

第一部分 实验基础

第1章 化学实验要求

1.1 概 述

化学是一门以实验为基础的自然科学。亲自进行实验有助于学生领会和掌握化学的基本原理和知识,也有助于其训练和培养自己的基本操作技能,为自己今后的科学研究工作打下良好的基础。

基础化学实验内容包括仪器的使用、实验结果的验证、化学原理的应用以及实验数据的处理与分析等。学生首先需要在实验时正确观察和记录实验现象,正确测量和记录实验数据,然后运用基本规律分析实验现象并作出说明,最后根据实验数据,经过计算,得出合乎逻辑的结论。

对实验进行细心观察、认真记录、详细分析,可以培养学生独立思考和独立工作的能力,养成实事求是的科学态度和严肃、细致、整洁等良好的实验习惯。以上这些是完成实验必须具备的条件。

1.2 化学实验室守则

在化学实验中,使用的大部分仪器、装置都是容易破碎的玻璃制品,许多化学物质都是可燃、易爆、有腐蚀性或有害的危险品,同时实验过程中常常需要用明火加热,稍有不慎,就会发生意外事故。所以,实验人员都必须牢固树立安全、规范操作的思想,遵循安全守则,严肃认真地完成实验。

化学实验的程序和要求如下:

① 未经实验室管理人员允许,不得进入实验室。实验前须做好预习,明确实验目的和要求,了解实验原理,反应特点,原料和产物的物理、化学性质及可能发生的事故,写好预习笔记,携带实验报告后前往实验室。

② 进入实验室后要保持安静,严禁喧哗、嬉笑和打闹。

③ 进入实验室后要穿实验服,不能赤脚或穿拖鞋,实验操作时应戴胶皮手套。

④ 实验开始前,需要检查仪器、药品是否齐全,不得随意调换。如发现问题,及时报告。未经管理人员许可,不得擅自使用仪器和药品,仪器、药品使用后要放回原处。

⑤ 遵从教师指导,严格按规程操作。未经教师允许,不得擅自改变药品用量、操作条件

或操作程序。水、电、酒精灯等一经用完立即关闭。绝对不允许随意混合各种化学试剂,以免发生意外事故。

⑥ 取用药品、溶剂要选用药匙、量筒等专用器具,不能用手直接拿取,防止药品、溶剂接触皮肤造成伤害。

⑦ 一切涉及有毒或有刺激性的药品、溶剂的实验都应在通风橱内进行。

⑧ 在使用极易挥发和引燃的有机溶剂(如乙醚、乙醇、丙酮、苯等)时必须远离明火,用后要立即塞紧瓶塞。

⑨ 浓酸、浓碱具有强腐蚀性,在使用时注意不要溅在皮肤、衣服、眼睛上。稀释时(特别是浓硫酸),应将其慢慢倒入水中,并搅拌冷却,而不能进行相反操作,以避免发生迸溅。一旦溶液接触皮肤、眼睛等应立即用清水反复清洗。

⑩ 实验室药品(特别是有毒药品,如重铬酸钾、钡盐、铅盐、砷的化合物、汞的化合物)不得接触皮肤、进入口腔或接触伤口。

⑪ 用试管加热液体时,不要将试管口对着任何人,更不能俯视正在加热的液体,以免因液体溅出而导致烫伤。

⑫ 实验剩余的废物不得随便倾倒,应倒入指定容器中,以防污染环境,要树立环境保护意识。

⑬ 不得携带任何药品、试剂出实验室。实验结束后,需将仪器洗净并放回原处,整理好实验台面,仔细检查水龙头、电源是否关闭。

⑭ 严禁在实验室内饮食、吸烟。爱护实验室的一切公物,注意节约用水、用物。

⑮ 根据实验内容和要求及时完成实验报告,实验报告需如实反映实验结果和实验过程,不得随意捏造或抄袭他人实验数据和记录。

1.3 化学实验中意外事故的紧急处理

1. 割 伤

如遇割伤,应首先查看伤口处有无玻璃碎屑等异物,若有应先将异物取出。如为轻伤,可用生理盐水或双氧水清洗伤口处,然后涂上碘伏,撒些消炎药并包扎,也可在洗净的伤口处贴上创可贴以止血,促进愈合。伤势较重时,应先按压主血管以防止大量出血,并用酒精在伤口周围清洗消毒,随后立即送往医院治疗。

2. 烫 伤

一旦被火焰、蒸气、红热的玻璃或铁器等烫伤,需立即用大量冷水冲洗伤处,以迅速降温,避免深度烧伤,若起泡则不宜挑破,应用纱布包扎后送往医院治疗。对于轻微烫伤,可在伤处涂抹饱和碳酸氢钠溶液或将碳酸氢钠粉末调成糊状敷于伤口处,或用苦味酸溶液擦洗,也可涂抹鱼肝油等。

3. 酸碱腐蚀

若在眼睛内或皮肤上溅着强酸或强碱,应立即用大量清水冲洗,然后再用3%~5%碳酸氢钠溶液或2%醋酸溶液冲洗。

4. 溴腐蚀致伤

溴腐蚀致伤,应立即用大量水冲洗,然后用酒精擦洗,再涂上甘油。

5. 磷灼伤

如果是磷灼伤,应先用1%硝酸银、5%硫酸或高锰酸钾溶液清洗伤口,然后包扎。

6. 吸入刺激性或有毒气体

吸入溴蒸气、氯气、氯化氢气体时,可通过吸入少量酒精和乙醚的混合蒸气解毒。因吸入硫化氢或一氧化碳气体而感到不适时,应立即到室外呼吸新鲜空气。但应注意,氯气、溴中毒时不可进行人工呼吸,一氧化碳中毒时不可使用兴奋剂。

7. 毒物进入体内

如果是毒物进入体内,可将5~10 mL稀硫酸铜溶液加入一杯温水中口服,之后用手指深入咽喉部刺激以促呕吐,吐出毒物后,立即送往医院治疗。

8. 触 电

立即切断电源,必要时进行人工呼吸。

9. 着 火

起火后,要立即灭火并防止火势蔓延。灭火时要针对起因选用合适的方法。一般的小火用湿布、石棉布等覆盖燃烧物即可灭火。火势大时可使用灭火器。注意,如果是因电气设备故障所引起的火灾,只能使用二氧化碳或四氯化碳灭火器灭火,而不能使用泡沫灭火器,以免触电。实验人员衣服着火时切勿惊慌乱跑,应立即脱下衣服或用石棉布覆盖着火处,或就地卧倒打滚,使火焰熄灭。

1.4 化学实验的学习方法

1. 实验前认真预习(预习)

预习是做好实验的前提和保证,要获得良好的实验效果,必须认真预习。

2. 认真听教师的讲解,加深对实验原理和实验操作的理解与掌握(讲解与讨论)

① 要理解清楚原理和方法;
② 细心观察教师示范操作,弄清操作要领;
③ 记录实验中的注意事项;
④ 积极参与讨论。

3. 实验时要专心投入(实验过程)

① 专心实验,注意操作规范,既要大胆,又要细心。

② 仔细观察实验现象,认真测定数据,并做到边实验、边思考、边记录。记录必须及时、真实、清晰、完整。

③ 对异常实验现象,要分析原因,必要时可以做对照实验,从中得到有益的结论。

4. 认真书写实验报告(总结实验)

实验报告是实验课程中的重要训练内容之一,它从一定角度反映出一个学生的学习态度、知识水平和观察问题、分析问题、判断问题的能力。因此,实验结束后,应严格根据实验记录,认真独立完成实验报告,这是培养科学思维能力、文字表达能力和养成良好的科研工作习惯的重要途径。实验报告的具体要求如下。

① 书写规范,字迹端正,报告整齐清洁。

② 文字表述简明扼要,要使用经过自己领会提炼后的学术性语言,切忌照抄书本。

③ 实验步骤要清晰明了,提倡采用表格、流程图或通用符号等形式表示。

④ 数据记录要规范、完整,数据处理应准确无误,可以学习用表格法和作图法处理实验数据。

⑤ 应有明确的实验结论,必要时还应对实验结果的可靠性与合理性进行评价。

⑥ 问题讨论时,可总结实验中的心得体会。例如:总结实验的关键所在,并对实验现象以及出现的问题进行讨论,分析产生误差的原因;也可对实验方法、检测手段等提出改进意见。这有利于培养创新思维和创新能力。

第 2 章 基本实验操作

2.1 玻璃仪器的洗涤和使用

2.1.1 玻璃仪器的洗涤

玻璃仪器清洁与否直接影响实验结果的准确性和精密性,因此,必须十分重视玻璃仪器的洗涤。洗涤方法概括起来有以下三种。

① 用水冲洗:用于洗去水溶性物质,同时洗去附着在仪器上的灰尘等。

② 用去污粉刷洗:用于清洗形状简单、能用刷子直接刷洗的玻璃仪器,如烧杯、试剂瓶、锥形瓶等一般的玻璃仪器。去污粉由碳酸钠、白土和细沙等混合而成,使用时先用少量水将要洗涤的玻璃仪器润湿,再用刷子蘸取去污粉进行擦洗。利用碳酸钠的碱性除油污,利用白土的吸附作用和细沙的摩擦作用增强对玻璃仪器的洗涤效果。玻璃仪器经擦洗后,用自来水冲掉去污粉颗粒,再用蒸馏水荡洗 3 遍,以除去自来水带来的杂质离子。洗净的玻璃仪器倒置时器壁上应不留水珠和油花,否则需重新洗涤。洗净的玻璃仪器也不能用纸或抹布擦干,以免脏物或纤维留在器壁上而污染玻璃仪器。玻璃仪器应倒置在干净的仪器架上,切记不能倒置在实验台上。

③ 用洗液洗涤:主要用于清洗不易清洗或不能直接刷洗的玻璃仪器,如吸管、容量瓶等,也可用于清洗长久不用的玻璃仪器或刷子刷不掉的污垢等。洗涤前先用洗液浸泡 15 min 左右,再用自来水冲净残留在器壁上的洗液,最后用蒸馏水润洗 3 遍。

常用的洗液有强酸性氧化剂洗液(即传统常规铬酸洗液)、碱性高锰酸钾洗液、纯酸洗液、纯碱洗液、有机溶剂以及弱碱性无磷水基清洗剂(又称 RBS 洗液)。

铬酸洗液的配制:称取 10 g 工业纯 $K_2Cr_2O_7$ 于 500 mL 烧杯中,用少许水溶解,在不断搅拌中慢慢地加入 200 mL 工业纯浓硫酸,待 $K_2Cr_2O_7$ 全部溶解且溶液冷却后,将其贮存在磨口细口试剂瓶中。

正常情况下,铬酸洗液为暗红色液体,若变为绿色说明已失效,应倒入废液桶中,绝不能倒入下水道,以免腐蚀金属管道。铬酸洗液不是万能的,并不能洗去所有污垢,如清洗被 MnO_2 污染的玻璃仪器时,用铬酸洗液是无效的,此时可用草酸、盐酸或酸性 Na_2SO_3 等还原剂来洗涤。

洗净的玻璃仪器器壁应能被水均匀润湿而无条纹、无水珠附着在上面,玻璃仪器经蒸馏水冲净后,残留水分用指示剂检查的结果应为中性。洗净后的玻璃仪器应立即进行干燥,常用的干燥方法有控干、烘干、吹干和烤干。每次实验都应使用清洁干燥的玻璃仪器。

2.1.2 玻璃仪器的使用

1. 量筒和量杯

量筒(见图2-1(a))、量杯是实验室中常用的度量液体体积的容量仪器。读取容积时,要注意使视线与仪器内液体弯月面的最低处保持同一水平。弯月面最低处与刻度线水平相切处的刻度读数为液体的体积。量筒或量杯不能用于精确测量,只能用于测量液体的大致体积。

(a) 量筒　　　(b) 容量瓶　　　(c) 锥形瓶

图2-1　量筒、容量瓶和锥形瓶

2. 移液管和吸量管

移液管和吸量管用于准确地移取定体积的溶液。常用的移液管中间有部分膨胀的玻璃管,管颈上部刻有一圈标线。在一定温度下,管颈上端标线至下端出口间的容积是一定的,如 50 mL、25 mL、10 mL、5 mL 等。移液管量取液体的体积是固定的,而吸量管有分刻度,可量取非整数体积的液体。注意,吸量管量取溶液的准确度不如移液管。

在使用移液管或吸量管前,通常要先依次分别用铬酸洗液、自来水和去离子水洗涤,并且用少量待移取的溶液润洗 2~3 次,以保证所移取溶液的浓度不变。一般洗涤移液管或吸量管时用小烧杯盛放洗涤液,用洗耳球使移液管或吸量管从小烧杯中吸入少量洗涤液,用双手把移液管或吸量管端平,并水平转动移液管或吸量管,使管内洗涤液润洗移液管或吸量管内壁,然后把洗过的洗涤液从移液管或吸量管下端出口放出。

使用移液管移取溶液时,一般是用右手大拇指和中指拿住移液管管颈上端,把移液管下端管口插入装有待移取溶液的容器中,左手紧握洗耳球,把洗耳球内的空气挤出,然后把洗耳球的出口尖端紧压在移液管上端管口上,慢慢松开紧握洗耳球的左手,将待移取的溶液吸入移液管内。当移液管内溶液液面升高到移液管上端管颈刻度标线以上时,立即拿开洗耳球,并马上用右手食指按住移液管上端管口。将移液管离开液面并靠在器壁上,然后稍微放松食指,同时用大拇指和中指转动移液管,使移液管内液面慢慢下降,直至管内溶液的弯月面与管颈上端刻度标线相切,立即用食指按紧移液管上端管口,使溶液不再流出。把装满溶液的移液管垂直放入已洗净的锥形瓶中,锥形瓶略倾斜,使移液管下端出口紧靠在锥形瓶内壁上,松开食指,让移液管内溶液自然流入锥形瓶中。当移液管内溶液流完后,还需停留约15 s,然后将移液管从锥形瓶中拿开。此时移液管下端出口处还会剩余少量溶液,注意不可用洗耳球将它吹入锥形瓶中,因为在校正容积刻度时已除去了剩余少量溶液的体积。而当使用标有"吹"字的移液管时,必须把管内的残液吹入锥形瓶中。吸量管的使用方法与移液管相同。

3．容量瓶

容量瓶(见图2-1(b))主要用于把精确称量的物质准确地配制成一定体积的溶液,或将浓溶液准确地稀释成一定体积的稀溶液。瓶颈上刻有环形标线,瓶上标有容积和标定时的温度,通常有50 mL、100 mL、250 mL、500 mL等不同规格。

使用前,需要将容量瓶清洗到不挂水珠;使用时,用细玻璃绳将瓶塞系在瓶颈上,以防瓶塞与瓶口弄错引起漏水。

当用固体试剂配制定体积的准确浓度的溶液时,通常先将准确称量的固体试剂放在小烧杯中,用少量蒸馏水溶解后,再转移到容量瓶内。转移时烧杯嘴紧靠玻璃棒,玻璃棒下端紧靠瓶颈内壁,慢慢倾斜烧杯,使溶液沿玻璃棒顺瓶壁流下。待溶液流完后,将烧杯沿玻璃棒轻轻上提,同时将烧杯直立,使附在玻璃棒与烧杯嘴之间的溶液流回到烧杯中,再用蒸馏水洗涤几次烧杯内壁,如上法将洗涤液转入容量瓶内。然后用蒸馏水洗下瓶颈上附着的溶液,接着向容量瓶中加入蒸馏水,当加水至容量瓶容积的一半时,摇荡容量瓶使溶液混合均匀,应注意不要让溶液接触瓶塞及瓶颈磨口部分,继续加水至溶液的弯月面下沿与环形标线相切,塞紧瓶塞。用一只手的食指压住瓶塞,另一只手的大拇指、食指、中指顶住瓶底边缘,倒转容量瓶,待瓶内气泡全部上升后,剧烈振摇数秒,再倒转过来,如此反复数次,将溶液充分混匀。

当用浓溶液配制稀溶液时,先用移液管或吸量管吸取准确体积的浓溶液并将其放入容量瓶中,再按上述方法稀释至标线,上下混匀。

容量瓶不能放在烘箱中烘烤,也不能用任何加热的方法来加速容量瓶中药品的溶解。长期不用的溶液不要放置在容量瓶中,应将其转移至洁净干燥或经该溶液润洗过的试剂瓶中保存。

4．锥形瓶

锥形瓶是圆锥形的平底玻璃瓶(见图2-1(c))。滴定分析中通常用锥形瓶盛放待滴定的溶液(用移液管准确移取的),同时锥形瓶便于在滴定操作中做圆周运动,使从滴定管中滴入的溶液与被滴定溶液均匀混合,充分反应,而不使溶液溅出瓶外。滴定分析时,对锥形瓶的洗涤要求与滴定管、移液管不完全相同。洗涤锥形瓶需依次用去污粉(或洗涤液)、自来水、去离子水清洗,不需用所装溶液润洗。

5．滴定管

滴定管是滴定分析中用于准确测量管内流出液体体积的一种量具。通常,它的测量结果能精确到 0.01 mL。常用滴定管的规格一般为 50 mL 和 25 mL，滴定管上刻度的每一大格代表 1 mL，每一小格代表 0.1 mL，两刻度线之间可以估读出 0.01 mL。滴定管刻度值与常用量筒的刻度值不同，滴定管从上到下刻度值增加。

一般滴定管分为酸式滴定管（见图 2-2）和碱式滴定管（见图 2-3），它们的差别在于管的下端。酸式滴定管下端连接玻璃旋塞，可以控制管内溶液逐滴流出。酸式滴定管可以用于量取酸性溶液或氧化性溶液，而不能用于量取碱性溶液，这是因为碱性溶液会腐蚀磨口的玻璃旋塞，长时间使用就会使旋塞粘住。碱性溶液应使用碱式滴定管量取，碱式滴定管的下端由橡皮管连接玻璃管嘴，橡皮管内装有一颗玻璃圆球代替旋塞。用大拇指和食指轻轻往一边挤压玻璃圆球旁边的橡皮管，使管内形成一条窄缝，溶液即可从玻璃管嘴中滴出。碱式滴定管不能用于量取氧化性溶液（如 $KMnO_4$、I_2 溶液），因为橡皮管会与这些溶液反应而粘住。

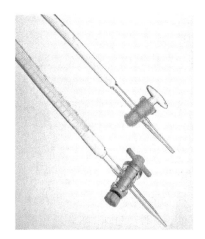

图 2-2 玻璃塞和四氟乙烯塞酸式滴定管

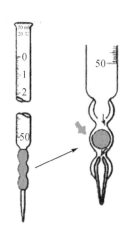

图 2-3 碱式滴定管排气泡

在使用酸式滴定管前，通常需要先检查其玻璃旋塞是否漏水。如果发现旋塞漏水或者旋转不灵活，应把玻璃旋塞取下，洗净后用碎滤纸片把水吸干，然后涂抹凡士林，涂抹凡士林时需要注意：① 涂抹凡士林的位置。套：小涂大不涂。塞：大涂小不涂。这样可避开中间小孔。② 先涂上很薄的一层凡士林，再把玻璃旋塞插入栓管中。③ 先将玻璃旋塞向同一方向旋转几周，使凡士林均匀涂布，再用橡皮圈套在玻璃旋塞末端凹槽内，以防旋塞脱落，最后检查装好的旋塞是否漏水。如果发现碱式滴定管漏水，应更换橡皮管或玻璃圆球。

洗净的滴定管内壁应被水完全润湿而不挂水珠，所以在滴定开始前，对于酸式滴定管，首先应将少量铬酸洗液（如 50 mL 滴定管，用 10~15 mL）加入滴定管中洗涤，用双手端平滴定管，让管内洗液全部浸润滴定管内壁后，再让洗液通过活塞下面部分管嘴内壁，最后把洗液全部放出。然后依次用自来水、去离子水洗涤，再用少量（滴定管体积的 1/4~1/3）标准溶液润洗 2~3 次，以保证装入滴定管内的标准溶液的浓度不会改变。最后把标准溶液装入滴定管，使溶液的弯月面位于滴定管上端的 0.00 刻度线以上，这时必须注意观察滴定管下端是否存在气泡。由于滴定管下端的气泡在滴定过程中会导致较大误差，因此，如果存在气泡的话,必须把气泡赶出。如果是酸式滴定管,可手动迅速反复多次打开旋塞,使溶液流出带走气泡;如果是碱式滴定管,可用两指挤压稍高于玻璃圆球所在处,使溶液从管嘴流出,气泡亦随之排出,如图 2-3 所示。

在用装好标准溶液的滴定管进行滴定分析时,对于酸式滴定管,一般都用左手大拇指、食指和中指捏住旋塞把手,手心空握,转动旋塞时应注意不要顶出旋塞而造成漏液。右手握住锥形瓶瓶颈并使滴定管管尖伸入瓶内,一边滴入溶液,一边向同一方向(顺时针)旋转摇动锥形瓶做圆周运动,使瓶内溶液充分混合并发生反应。切记不可前后振荡,以免因溶液溅出而产生误差。整个滴定过程中,左手不能离开旋塞而让溶液自流。对于碱式滴定管,一般都是左手拇指在前,食指在后,捏挤玻璃圆球外面的橡皮管,便可使溶液流出,但不能捏挤玻璃珠下面的橡皮管,因为这样会使管嘴出现气泡。滴定速度不可过快,要使溶液逐滴流出而不连成线,滴定速度一般为 10 mL/min,即 3~4 滴/s。

滴定过程中,要注意观察标准溶液的滴定终点。刚开始滴定时,离滴定终点很远,滴入标准溶液时一般不会引起肉眼可见的颜色变化;但随着滴定过程的进行,滴落点周围会出现暂时性的颜色变化而又立即消失;随着离滴定终点越来越近,颜色消失渐慢;在接近终点时,新出现的颜色会暂时扩散到较大范围,但转动锥形瓶 1~2 圈后颜色仍会完全消失,此时应不再边滴边摇,而应每滴一滴就摇几下;通常在滴入最后半滴时,溶液颜色会突然变化而且半分钟内不褪色,表示已达到滴定终点。滴加半滴溶液时,可通过慢慢控制旋塞,使液滴悬挂于管尖而不滴落,用锥形瓶内壁将液滴擦下,再用洗瓶以少量蒸馏水将之冲入锥形瓶中。滴定过程中,尤其是临近滴定终点时,应及时用洗瓶将溅在瓶壁上的溶液洗下去,以免引起误差。读取从滴定管中放出溶液的体积时:对于无色或浅色溶液,视线应与管内溶液弯月面最低点保持水平,读出相应的刻度值时;对于深色溶液(如 $KMnO_4$ 溶液),则应观察溶液液面最上缘,读数必须准确到 0.01 mL。为了降低测量误差,每次滴定应从 0.00 刻度开始或从接近零刻度的任一刻度开始,即每次滴定时都用滴定管的同一段体积。

6. 烧杯中液体的加热

烧杯中所盛液体的体积应不超过烧杯容积的 1/3。加热前,要先将烧杯外壁上的水擦干,再将其放在石棉网上加热。

2.2 化学试剂的规格和取用

2.2.1 化学试剂的规格

在我国,符合国家标准的化学试剂应标有 GB 代号,符合化工部标准的应标有 HG 或 HGB(暂行)代号。常见试剂的质量分为优级纯、分析纯、化学纯和生物试剂四种规格。此外还有一些有特殊要求的试剂,如"高纯"试剂、"色谱纯"试剂、"光谱纯"试剂和"放射化学纯"试剂等,这些都应在试剂标签上注明。本着节约原则,实验时应根据实验要求,选用不同规格的试剂。既不越规格引起浪费,又不随意降低规格影响分析结果的准确性,所以实验工作者应该对试剂规格有正确的认识。在一般的分析工作中,通常要求使用分析纯试剂。本书实验中使用的试剂均为分析纯试剂,后文不再专门说明。

2.2.2 化学试剂的取用

1. 固体试剂的取用

① 一般都用药匙来取用固体试剂。药匙的两端有两个大小不同的匙,分别用于取用大量固体和少量固体。平时要注意保持药匙的清洁和干燥,以免污染固体试剂,最好专匙专用。用玻璃棒制作的小玻璃勺可长期存放于盛有固体试剂的小广口瓶中,无须每次洗涤。

② 在向试管中加入固体试剂时,可先将固体试剂放在对折的称量纸上,再将乘有固体试剂的称量纸伸进试管的 2/3 处。如果固体试剂颗粒较大,可将其放在干燥洁净的研钵中研碎。研钵中固体试剂的量应不超过研钵容积的 1/3。

③ 称取固体试剂前,要先看清标签,再打开瓶盖或瓶塞,将瓶盖或瓶塞反放在实验台上。然后用干燥洁净的药匙取固体试剂后放在称量纸上称量,但对于具有腐蚀性、强氧化性和易潮解的固体试剂,应将其放在玻璃容器内称量。根据称量精度的不同要求,可选择使用台秤或分析天平进行称量,用称量瓶称量时,应用减量法操作。多取的固体试剂不能放回原试剂瓶,取完药品后要立即把瓶盖或瓶塞塞紧,绝不能将瓶盖或瓶塞张冠李戴。

2. 液体试剂的取用

① 从细口瓶中取用液体试剂。通常用倾注法:先将瓶塞取下,然后反放在实验台上,手握在瓶上贴标签的一侧倾注试剂(如图 2-4 所示),倾倒出所需量液体试剂后,将瓶口在容器上刮一下,再逐渐竖起瓶子,以免留在瓶口的液滴流到瓶的外壁。如果有试剂流到瓶的外壁时要及时擦净,绝不允许试剂沾染标签。

② 从滴瓶中取用液体试剂。先将液体试剂吸入滴管,再用滴管将液体试剂滴入试管,滴入试管时滴管要竖直(如图 2-5 所示),这样滴入的液体试剂的体积才更准确。滴管口应距离试管口 5 mm 左右,不得将滴管插入试管中,以免滴管触及试管内壁而沾污滴瓶内药品。滴瓶中的滴管只能专用,用后应立即放回原滴瓶。使用滴管的过程中,装有试剂的滴管不得横放或将滴管口向上倾斜,以免液体流入滴管的橡皮帽中。试管实验中,可用计算滴数的办法来估计取用液体的量:对于一般的滴管,16~20 滴液体的体积约为 1 mL。

图 2-4 液体药品倾倒示意图

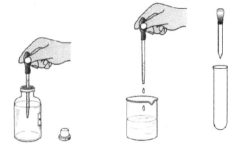

图 2-5 滴加液体药品示意图

2.3 重量分析法五个步骤的操作技术

重量分析法是将待测组分经沉淀→过滤→沉淀洗涤→干燥或灼烧→称重五个步骤处理以测定其含量的方法。现将五个步骤的操作技术分述如下。

2.3.1 沉 淀

沉淀操作是重量分析法的首要环节,是将待测组分以难溶化合物的形式从溶液中分离出来的技术。

1. 沉淀的形成

沉淀的溶解度必须很小以保证待测组分完全分离。

沉淀反应是否完全,可根据溶液中待测组分的残留量来衡量,通常要求残留量不得超过 0.000 1 g,即小于分析天平的称量允许误差。

同离子效应、盐效应、酸效应、络合效应,以及温度、介质、晶体结构等均影响沉淀的溶解度。为保证结果的准确性,在沉淀操作中常通过增加沉淀剂用量、适当调整溶液酸度、降低强电解质含量等方法以降低沉淀的溶解度。

通常沉淀的溶解度随温度升高而加大,所以在操作中应控制反应温度,避免沉淀溶解。

2. 沉淀的类型

在沉淀反应中,沉淀的形成过程是构晶离子经过成核作用产生晶核,晶核再生长为沉淀微粒,沉淀微粒经聚集生成无定型沉淀,或经定向排列生成晶型沉淀。

无定型沉淀颗粒小,排列杂乱无序,结构疏松,体积庞大,不易沉降;晶型沉淀颗粒大,排列整齐,结构紧密,体积较小,易于沉降。一般沉淀的溶解度越大就越于生成晶型沉淀;沉淀的溶解度越小,形成的颗粒越小,更易于生成无定型沉淀。

3. 沉淀的条件

在合理的稀溶液中进行沉淀。溶液的相对饱和度低就容易使得易滤、易洗的大颗粒晶型沉淀,减少共沉淀现象。但并不是溶液越稀越好,如果溶液太稀,沉淀溶解所引起的损失将超过允许的分析误差。

在缓慢滴加沉淀剂并不断搅拌的条件下进行沉淀,可避免局部过浓现象的发生,避免生成大量晶核而产生颗粒较小、纯度较低的沉淀。

在热溶液中进行沉淀,能增加沉淀的溶解度而降低溶液中局部过饱和现象的发生,易于获得大颗粒的晶型沉淀。

沉淀析出后与母液共同静置进行充分陈化,使小晶粒逐渐溶解,大晶粒逐渐长大,不完整的晶粒逐渐转化为较完整的晶粒,亚稳态沉淀逐渐转化为稳态沉淀。

控制溶液的 pH 值,可使难溶的氢氧化物完全沉淀。

可以利用均匀沉淀法改变沉淀条件以获得所需的沉淀类型。

2.3.2 过　滤

过滤是用滤纸将溶液和沉淀分开的过程。其方法通常有常压过滤、减压过滤和热过滤。

1. 常压过滤

常压过滤如图 2-6 所示。常压过滤时通常需要按四折法折叠滤纸(见图 2-7):先将滤纸整齐地对折,然后再对折,记住第二次对折时不要折死,最后将锥体打开,放入漏斗。如果滤纸上边缘与漏斗不密合时可改变折叠的角度,使滤纸与漏斗密合,然后再折死。打开滤纸三层的一面并将其对准漏斗出口短的一面,用食指按紧滤纸三层的一面,用洗瓶吹入少量蒸馏水以润湿滤纸,轻轻按压滤纸,使其锥体上部与漏斗间无气泡,锥体下部与漏斗内壁形成缝隙。然后加水至滤纸边缘,此时漏斗颈应充满水并形成水柱。

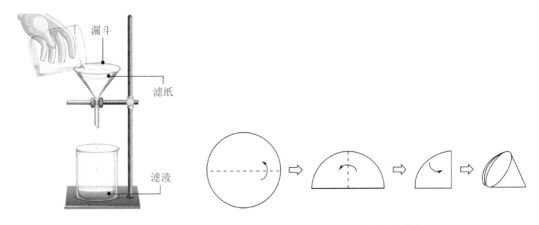

图 2-6　常压过滤示意图　　　　　　　图 2-7　四折法示意图

"倾析法"是待沉淀静置沉降后,将上层清液倾入另一容器中使沉淀与溶液分离的过程,其目的是少留溶液以便在容器内进行沉淀的初步洗涤,最后将少量溶液与沉淀集中倾于滤纸的中心部位。

分离沉淀时应先用倾析法将大量溶液转移至漏斗中,让沉淀尽可能地留在烧杯内。这样可以避免沉淀过早堵塞滤纸小孔而影响过滤速度。倾入溶液时,应让溶液沿着玻璃棒流入漏斗中,玻璃棒下端对着滤纸三层的一面,并尽可能接近滤纸,但不要与滤纸接触。再用倾析法洗涤沉淀 3~4 次。

过滤时应注意:① 漏斗内的液面应低于滤纸边缘 1 cm 左右;② 过滤完毕后,容器壁上附着的少量沉淀应用洗涤液洗涤,并用小片滤纸或淀帚轻轻洗擦,直至确认沉淀全部洗净为止;③ 过滤较稳定的沉淀时可提高溶液温度以提高滤速;④ 在保证不穿滤的情况下,可用减压抽滤以提高滤速,但绝不允许翻动滤纸或用玻璃棒搅拌以提高滤速;⑤ 过滤时滤纸与漏斗壁间不应存有气泡,而且漏斗下支管管口应紧贴在滤液容器壁上,这样既可提高滤速,又可防止滤液迸溅而造成损失。

2. 减压过滤

减压过滤也称吸滤,以前常用玻璃制的三通进行吸滤,但因浪费自来水而被停用,目前多采用循环水式真空泵进行吸滤。过滤前先应剪好滤纸,滤纸不能折叠,因为折叠处的滤纸在减压过滤时很容易透滤。滤纸的大小应以比布氏漏斗内径略小而又能将漏斗的孔全部盖上为宜。每个学生都应具备只用眼睛观察漏斗就能将滤纸剪好的技能。

减压过滤装置如图2-8所示。把剪好的滤纸放在布氏漏斗内,先用少量蒸馏水润湿,再开真空泵,使滤纸紧贴布氏漏斗。溶液转移过程同常压过滤。吸滤结束后先拔下连接抽滤瓶的胶管,再取下布氏漏斗,用玻璃棒撬起滤纸边,取下滤纸和沉淀。滤液应从瓶口倒出,绝不能从侧口倒出,以免污染滤液。

图2-8 减压过滤装置图

熔砂玻璃漏斗可用于过滤强酸性、强碱性和强腐蚀性溶液,但不适合过滤碱性太强的物质。

3. 热过滤

如果溶液中溶质在冷却后易析出结晶,同时实验要求在过滤时将溶质保留在溶液中,则应采用热过滤。

2.3.3 沉淀洗涤

沉淀洗涤指为除去沉淀表面上吸附的杂质而对沉淀进行洗涤的过程。需要根据沉淀反应的条件和沉淀的性质选择洗涤剂,原则如下。

① 用冷的沉淀剂的稀溶液洗涤晶型沉淀,以降低其溶解度。

② 用有机溶剂洗涤易水解的沉淀。

③ 用含有少量电解质的水溶液(如铵盐)加热后洗涤胶状沉淀,可防止胶溶。

④ 通常先在原沉淀容器中洗涤沉淀3~5次,每次都用倾析法过滤,尽可能洗净溶液,勿使倾出的沉淀弥漫在滤纸上。在容器中最后一次洗涤沉淀时,应将溶液搅浑,将溶液连同沉淀一起向滤纸上作定量转移。

⑤ 在滤纸上洗涤沉淀时,应从滤纸边沿稍下部位置开始,按螺旋形向下移动洗涤,使沉淀集中在滤纸锥体下部。洗涤沉淀时按少量多次的原则,待前一次液体流尽,再做下一次洗涤。

⑥ 洗涤效果按沉淀条件进行检验(如:洗至流出液无色、洗至流出液不呈酸性或碱性、

洗至流出液中检不出某种离子等)。

2.3.4 干燥或灼烧

用玻璃棒把带有沉淀的滤纸的三层部分掀起,再将其取出,打开成半圆形,自上向下折叠,再自右向左卷成小包。将滤纸层数较多的一面向上,放入已恒重的坩埚中。先用小火烘干后再炭化,炭化时需注意只能冒烟不能着火,如着火需用坩埚盖盖住使之熄灭,千万不能吹灭,以免沉淀飞溅。滤纸全部炭化后再升高温度使之灰化,烧去一切可以烧掉的炭质,最后放入马弗炉中灼烧。

当仅需测定沉淀的质量时,灼烧后称量至恒重即可。如需进一步分析沉淀中各组分的含量,则必须将已干燥的沉淀经灼烧、溶解成溶液、定容后再进行分析。

灼烧就是将固体物质或经过滤、洗涤后的沉淀进行高温加热,使之脱水、除掉挥发性杂质、烧去有机物后得到最稳态的干燥物质的过程。灼烧的成效取决于灼烧温度和灼烧方法,通常以灼烧后的残渣是否达到恒重为标准。空容器与物质的灼烧条件应严格一致。

灼烧的设备通常有两类,一类是高温炉,如马弗炉、管式炉和高频感应加热炉;另一类是加热灯,如煤气灯、酒精喷灯等。

灼烧的容器有瓷坩埚、金属坩埚和铂坩埚等。

2.3.5 称 重

称重是使用分析天平直接准确分析物质质量的操作。在天平精度确定的条件下,提高分析准确度的关键是选择合适的称样量和使用正确的称量方法。

1. 称样量的选择

选择合适的称样量是保证质量分析准确性的重要条件之一。例如,一般万分之一分析天平的称量误差为±0.2 mg,为使称量的相对误差小于0.1%,根据公式

$$称量相对误差 = \frac{称量绝对误差}{称样量} \times 100\%$$

则合适的称样量为

$$称样量 = \frac{称量绝对误差}{称量相对误差} = \frac{0.2 \text{ mg}}{0.1\%} = 0.2 \text{ g}$$

所以,要保证分析结果误差在0.1%范围内,称样量就不得少于0.2 g。同理,要准确称量最后得到的沉淀质量时也应符合这个条件。

2. 称量方法的选择

在常规分析中,通常采用常规称量法、固定量称量法和减量称量法。

常规称量法就是按天平操作规程先称量空容器的质量,然后将样品加入该容器后再称重,前后两次称重之差即为样品的准确量。

固定量称量法用于准确称取指定质量的样品,即先称量空容器的质量,再将样品慢慢加入容器中直到达到所需量。

减量称量法多用于称量易吸水、易氧化或能与二氧化碳发生反应的物质,并可连续称量样品。称量时先称量装有样品的容器的质量,再称量从容器中倾出一定量样品后的容器的质量,前后两次称重的质量之差即为样品的准确量。

3. 称量误差

称量误差指因被称物性状变化、环境因素变动、天平和砝码的影响、空气浮力的影响和操作误差等导致的称量值与真实值间的差值。其中被称物性状变化包括被称物表面吸附水分、被称物性质变化和被称物温度未彻底平衡等。

2.4 蒸发和浓缩、结晶和重结晶

2.4.1 蒸发和浓缩

在物质的提纯与制备实验中,蒸发和浓缩一般在水浴锅上进行。如果溶液很稀,而且物质对热的稳定性又比较好,可将装有溶液的蒸发皿直接放在电炉上用小火加热蒸发,记住要先在电炉上放石棉网。要控制加热温度,以防溶液暴沸、迸溅而造成损失,然后再将蒸发皿放在水浴锅上加热蒸发。随着水分的不断蒸发,溶液逐渐浓缩,当蒸发浓缩到一定程度后冷却,即可析出晶体。蒸发浓缩的程度与溶质溶解度的大小、有无结晶水和对晶粒大小的要求有关。通常溶质的溶解度较大、晶体又不含结晶水、对晶粒大小的要求较小时,蒸发浓缩的时间就长一些、蒸得就干一些;反之,就短一些、稀一些。在定量分析实验中也常常通过蒸发浓缩来减少溶液的体积,同时也能减少不挥发成分的损失。常用的蒸发容器是蒸发皿,蒸发皿内所盛放溶液的体积不得超过其容积的 2/3。

2.4.2 结晶和重结晶

结晶就是晶体从溶液中析出的过程,它是物质提纯与制备的重要方法之一。结晶时要求溶质的浓度达到饱和,要使溶质的浓度达到饱和,一般有两种方法:一种是蒸发法,即通过蒸发浓缩使蒸气逸出,减少一部分溶剂使溶液达到饱和而析出晶体,该法主要用于溶解度受温度变化的影响不大的物质;另一种是冷却法,即通过降低温度,使溶液冷却达到饱和而析出晶体,该法主要用于溶解度随温度下降而明显减小的物质。有些物质的提纯与制备需将两种方法结合使用。

晶体颗粒的大小与结晶条件有关,所以在实验操作中应根据需要控制结晶条件,以便得到大小合适的晶体颗粒。当溶质溶解度小、溶液浓度高、溶剂蒸发速度快,或溶液冷却快时,即可析出细小的晶体颗粒;反之,即可析出较大的晶体颗粒。重结晶就是在第一次得到的晶体纯度不符合要求时,将其溶于溶剂中,再进行蒸发浓缩(或冷却)、析出晶体的反复操作过程。它适用于溶解度随温度变化而有显著变化的物质,也是物质提纯与制备的重要方法之一。有些物质的提纯与制备需经过几次重结晶才能完成。

第3章 常用仪器及使用方法

3.1 称量仪器

准确称量物体的质量是化学实验最基本的操作之一。由于不同实验对称量的精确度要求不同,因此进行实验时需要选用不同精确度的称量仪器。常用的称量仪器有台秤、电光天平和电子天平等。

3.1.1 台 秤

图 3-1 台式天平

台秤又称台式天平(见图 3-1)或架盘天平,用于粗略的称量,一般能准确称量精确度要求为 0.1 g 的物体质量。以架盘天平为例,称量前先调节架盘天平的零点,使指针指零;称量时,将称量物品放在左盘,砝码放在右盘;添加 10 g 及以下的砝码时,可通过移动标尺上的游码实现。当指针最后的停点与零点符合时,砝码加游码的质量就是称量物的质量。

称量时应注意以下几点。

① 称量的固体物品应放在表面皿中或蜡光纸上,不能直接放在托盘上;软湿的或具有腐蚀性的药品应放在玻璃容器内再进行称量。

② 不能称量过冷或过热的物品。

③ 称量完毕后,应将砝码放回砝码盒,将游码移至刻度"0"处。

3.1.2 电子天平

电子天平是基于电磁学原理制造的最新一代天平,无需砝码,可直接称量,具有自动调零校正、扣皮重、显示读数等功能,操作简单,称量速度快。常见的电子天平有直立式(见图 3-2)和顶载式。电子天平的详细使用步骤应按其使用说明书进行。直立式电子天平操作大致包括以下步骤。

① 调水平。调整地脚螺栓高度,使水平仪内空气气泡位于圆环中央。

② 开机。接通电源,长按开关键直至全屏自检。

③ 预热。直立式电子天平在初次接通电源或长时间断电后需要预热至少 30 min,为获得理想的测量结果,应保持在待机状态。

④ 校正。首次使用直立式电子天平必须进行校正,按校正键,天平将显示所需校正砝码的质量,放上相应质量的砝码直至出现"g",校正结束。

⑤ 称量。先按除皮键除皮清零,再放置被称物进行称量。

⑥ 关机。直立式电子天平应一直保持通电状态(24 h),不使用时将开关键调整至待机状态,使其保持保温状态,可延长其使用寿命。

图 3-2　直立式电子天平

3.2　酸度计

酸度计(又称 pH 计)是一种通过测量电位差测定溶液 pH 值的仪器。该仪器除了可以测量溶液的 pH 值外,还可以测量氧化还原电对的电极电势(单位:mV)等。实验室常用的酸度计有 pHS-25 型、pHS-3C 型、pHSJ-3F 型等。各种型号仪器的结构虽有所不同,但工作原理基本相同。

酸度计的基本工作原理是利用一对电极与被测溶液组成原电池,该电池能在不同的被测溶液中产生不同的电动势,将此电动势输入仪器,经过电子线路的一系列工作,最后在电位计上显示出测量结果(见图 3-3)。

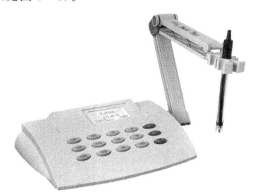

图 3-3　酸度计

酸度计主要由指示电极、参比电极和与其相连的电位计组成。指示电极通常采用玻璃电极(见图 3-4(a)),其电极电势值随被测溶液 pH 值的变化而变化。玻璃电极的主要部分是一种由特殊导电玻璃吹制成的空心小球泡,这种玻璃薄膜对氢离子有敏感作用。球泡内装有 0.1 mol/L HCl 溶液(或具有一定 pH 值的缓冲溶液)和 Ag/AgCl 丝(覆盖 AgCl 的 Ag 丝)。

参比电极通常采用甘汞电极(见图 3-4(b)),该电极的稳定性好,其电极电势值不随被测溶液 pH 值的变化而变化,在一定温度下有一定值。将玻璃电极和甘汞电极同时插入待测溶液中组成原电池,通过与精密电位计连接,可以测定该电池的电动势 E。在 25 ℃时,溶液 pH 值与电动势 E 的关系为

(a) 玻璃电极

(b) 甘汞电极

图 3-4　玻璃电极及甘汞电极

$$E = \Psi_{甘汞} - \Psi_{玻璃} = K + 0.0592 \text{ V} \times \text{pH}$$

式中，$\Psi_{甘汞}$ 表示甘汞电极的电势，常用的是饱和甘汞电极，在 25 ℃时其电势为 0.241 5 V；对于给定的玻璃电极，$\Psi_{玻璃}$ 是一定的，其数值可通过用一已知 pH 值的标准缓冲溶液代替待测溶液组成原电池，再根据所测原电池的电动势求得。为了使用上的需要，酸度计通常将所测电动势读数直接用 pH 值表示出来。

由于玻璃电极易破损，近年来常采用复合电极，即把玻璃电极和参比电极组合在一起，如图 3-5 所示。复合电极大多是由玻璃电极和 Ag/AgCl 参比电极合并制成的，相较于两个电极，这种电极最大的好处就是使用方便。复合电极主要由电极球泡、电极支持杆、内参比电极、内参比溶液、外壳、外参比电极、外参比溶液、液接面、电极帽、电极导线、插口等组成。温度对 pH 测定值的影响可根据能斯特(Nernst)方程予以校正。酸度计中大多已配有温度补偿器(用于补偿校正温度对 pH 测定值的影响)。

图 3-5　复合电极

3.2.1　仪器标定(两点标定)

① 按动"MODE(模式)"键，使仪器处于 pH 测量方式(此时显示屏上"pH"灯亮)，按"↑"或"↓"键将显示温度调节到标准缓冲液的温度值；

② 用蒸馏水冲洗电极并用滤纸吸干，然后将其浸入 pH 值为 6.86 的标准缓冲液中，摇动烧杯使电极前端球泡与标准缓冲液均匀接触；

③ 按动"CAL(标定)"键，显示屏上"CAL"和"AUTO"灯均闪烁，仪器此时正自动识别标准缓冲液的 pH 值，到达测量终点时，屏幕显示出相应标准缓冲液的标准 pH 值，对应的标准缓冲液"4""7""9"的指示灯亮，"CAL"灯熄灭而"AUTO"灯停止闪烁；

④ 用蒸馏水冲洗电极，再将电极放入 pH 值为 4.00 或 9.18 的标准缓冲液中(如果待测溶液呈酸性，选用 pH=4.00 的标准缓冲液；如果待测溶液呈碱性，则选用 pH=9.18 的标准缓冲液)，同样按步骤③进行操作，完成仪器的标定。

3.2.2 pH 测定

经过标定的仪器即可测量被测溶液的 pH 值。对于精密测量法,被测溶液的温度最好与标定溶液的温度保持一致。

① 将清洗后的电极浸入被测溶液,将温度调节至被测溶液的温度值。

② 摇动烧杯,待示值稳定后即可读取被测溶液的 pH 值。若要确认测试的值(重复测试),可按动"YES(确认)"键,此时"pH"指示灯闪烁,当"pH"指示灯停止闪烁时,即可读取被测溶液的 pH 值。

3.3 分光光度计

分光光度计的基本原理是利用溶液中的有色物质对不同波长光的选择性吸收的现象进行物质的定性和定量分析,通过对吸收光谱的分析,判断物质的结构及化学组成。实验室常用的国产分光光度计有 72 型、721 型、722 型、724 型、751 型等。

3.3.1 仪器工作原理

分光光度计的基本工作原理是溶液中的有色物质对光的吸收具有选择性。当某单色光通过溶液时,其能量会因被吸收而减弱,减弱程度与溶液中物质的浓度 c 有一定的比例关系,服从于朗伯-比尔(Lambert Beer)定律:

$$A = \lg \frac{I_0}{I}, \quad T = \frac{I}{I_0}$$

$$A = \lg \frac{1}{T} = \kappa b c$$

式中,A 为吸光度,表示光通过溶液时被吸收的强度;c 为有色溶液的浓度(物质的量浓度);I_0 为入射光强度;I 为透射光强度;b 为液层厚度;κ 为吸光系数,它与入射光的波长以及溶液的性质、温度等有关。

当入射光强度 I_0、吸光系数 κ 和液层厚度 b 不变时,透射光强度 I 只随溶液中物质的量浓度 c 而变化。因此,如果通过测光仪器中的光电转换器接收透过溶液的光线,并将其转换成电能,就可在微电计上读出相应的透光率,从而推算出溶液浓度。

3.3.2 T6 紫外可见分光光度计

1. 仪器的外形构造

T6 紫外可见分光光度计(见图 3-6)以钨灯和氘灯为光源,采用 C-T 光路单色器、双光束比例检测光学系统,采用步进电机细分驱动技术直接驱动光栅,扫描速度可达 2 500 nm/min,波长范围为 190~1 100 nm,波长准确度为 ±1 nm,波长重复性 ≤0.2 nm,

光谱带宽为 2 nm,杂散光为≤0.05%T,光度准确度为±0.002 A(0～0.5 A)、±0.004 A (0.5～1 A)。

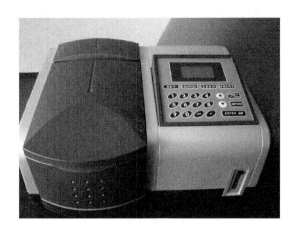

图 3-6 分光光度计的外形

2. 仪器的使用方法

① 开机自检:打开电源,初始化 3 min 左右,进入主菜单界面。

② 进入光度测量:按"enter"键进入光度测量界面。

③ 进入测量界面:按"START/STOP"进入样品测定界面。

④ 设置测量波长:按"GOTO"键,在界面输入 540 nm 的波长,按"enter"键确认。

⑤ 进入设置参数:设置样品池。按"set"键进入参数设定界面进行试样设定,按"enter"键确认。

⑥ 设置样品池个数:设置样品池个数为 2。

⑦ 样品测量:按"RETURN"键返回主界面。在 1 号样品池内放空白试剂,按"ZERO"键进行校正;2 号样品池放待测溶液,按"START/STOP"键进行测试,同时记录测试数据。如果需要测量下一组样品,需取出比色皿,更换样品后,再按"START/STOP"键进行测试,记录测试数据。

⑧ 结束测量:从样品池中取出所有比色皿并将其清洗干净。按"RETURN"键返回主界面后,再关闭仪器电源。

注意:不测试时,应及时打开样品室盖,断开光路,避免光电管老化。

3. 测量条件的选择

为了保证吸光度测量的准确度和灵敏度,在测量吸光度时还需注意选择适当的测量条件,如入射光波长、参比溶液和吸光度读数范围。

(1) 入射光波长的选择

由于溶液对不同波长光的吸收程度不同,一般应选择最大吸收时的波长为入射光波长,这时溶液的摩尔吸收系数最大,测量的灵敏度较高。有干扰时可考虑使用其他波长为入射光波长。

(2) 参比溶液的选择

入射光照射装有待测溶液的吸收池时将发生反射、吸收和透射等情况,而反射以及试剂、共存组分等对光的吸收也会造成透射光强度的减弱。为使光强度的减弱仅与溶液中待测物质的浓度有关,必须通过参比溶液对上述影响进行校正。选择参比溶液的原则是:若共存组分、试剂在所选入射光波长处均不吸收入射光,则选用蒸馏水或纯溶剂作为参比溶液;若试剂在所选入射光波长处吸收入射光,则以空白试剂作为参比溶液;若共存组分吸收入射光,而试剂不吸收入射光,则以原试剂作为参比溶液;若共存组分和试剂都吸收入射光,则取原试剂掩蔽被测组分,再加入试剂后作为参比溶液。

(3) 吸光度读数范围的选择

在吸光度测量时,当透射率读数范围为 10% ~70% 或吸光度读数范围为 0.10~1.0 时,读数误差较小。可通过调整称样量、比色皿厚度和稀释倍数等方法使样品溶液的透射率或吸光度读数在此范围内。

3.4 电导率仪

电导率仪是实验室测量电解质溶液电导率的仪器。目前国内广泛使用的是 DDS–11 型、DDS–11A 型、DDSJ 308A 型等。电导率仪是直读式的,特点是测量范围广、操作方便,若配上记录仪,则可自动记录电导率值的变化情况。

3.4.1 仪器工作原理

在电解质溶液中,带电离子在电场作用下发生移动而传递电流,其导电能力用电导 G 表示,其值为电阻 R 的倒数,即

$$G = \frac{1}{R}$$

电导的单位为西门子(S),电阻的单位为欧姆(Ω)。

如果电导池两极间的距离为 L,电极有效面积为 A,则该溶液的电导率为

$$\kappa = G \cdot \frac{L}{A}$$

式中,κ 为电导率,表示在相距 1 cm、电极有效面积为 1 cm^2 的两极之间溶液的导电能力,单位为 S/cm。

在电导池中,电极间距离和电极有效面积是一定的,因此对于某支电极,L 和 A 是常数,将 L/A 称为电导池常数(电极常数),用 J 表示。电导率仪是实验室测量溶液电导率的仪器,由电导电极和电导仪组成。将两个电极插入溶液中,通过测定两极间的电阻即可获得其电导,若电极常数已知,溶液的电阻已测得,则根据上述公式即可求得电导率。对于一个给定的电极,电导池常数可以用已知电导率的 KCl 溶液测定。

3.4.2 使用操作方法

下面以 DDSJ 308A 型数字电导率仪为例，简单介绍其操作方法。其他类型电导率仪的操作可参考其使用说明书。

1. 仪器介绍

DDSJ 308A 型数字电导率仪的示意图如图 3-7 所示。

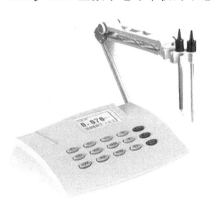

图 3-7　DDSJ 308A 型数字电导率仪

"常数"旋钮在"电极常数调节功能"状态下用于调节电极常数；在测试状态下（未插接温度传感器时），用于调节温度值。"电极常数"键用于启动电极常数调节功能或查看电极常数，需按"确定"键确认和退出。"确定"键调节电极常数用于确定本次操作有效，退出本次操作并进入测试状态。"调零"键用于当电极置于空气中时仪器的零点调整。

电极规格及适用范围：电导电极的电极常数包括 0.01、0.1、1.0、10（单位：cm^{-1}）四种不同类型，使用时以电极上实际标注的常数为准。应根据被测溶液的电导率范围，选择相应电极常数的电极。

2. 操作步骤

(1) 准　备

根据所测溶液选用适当的电极，将电极插头插入插座，接通电源，打开电源开关，预热 10 min 左右。

(2) 常数校正

① 按"电极常数"键，使面板上"电极常数"指示灯亮。如果此时仪器显示数与使用电极的规格常数不相符，可以通过多次按"电极常数"键，在 0.010、0.100、1.000 和 10.00 四种规格常数（单位：cm^{-1}）间切换，选择与使用电极相适应的规格常数。

② 按"测量"按键，使仪器显示电极的实际常数值。

③ 按"确定"键。

(3) 零点调节

当电极未放入测试样品时（置于空气中），如果仪器显示不是"0"，则按"调零"键。

(4) 测量电导率值

① 按"温度"键使温度显示为 25 ℃；

② 将清洗干净的电极插入被测液中，待示值稳定后，仪器显示值即为被测液在当时温度下的电导率。

使用完毕后，关闭电源，拔下电源适配器，清洗电极。

第二部分　基础化学实验

第4章 化合物及化学反应特征常数的测定

实验 1 醋酸解离平衡常数测定（pH 法和电导率法）

实验目的及意义

① 掌握弱电解质的解离平衡常数的测定方法。
② 学习使用酸度计，了解 pH 值与 H^+ 浓度的关系。
③ 学习电导率仪的使用方法。
④ 掌握容量瓶、移液管、滴定管的使用方法。
⑤ 醋酸是典型的弱酸，分别通过 pH 法和电导率法进行醋酸解离平衡常数的测定，并对比测定值，有助于进一步理解弱电解质的解离性质。

实验原理

1. 采用 pH 法进行醋酸解离平衡常数的测定

醋酸 CH_3COOH（简写为 HAc）是一元弱酸，在溶液中存在如下解离平衡：

$$HAc \rightleftharpoons H^+ + Ac^-$$

其解离平衡常数的表达式为

$$K_{HAc}^{\ominus} = \frac{c_{H^+} \times c_{Ac^-}}{c_{HAc}} \tag{4-1}$$

设醋酸的起始浓度为 c，平衡时 $c_{H^+} = c_{Ac^-} = x$，代入式(4-1)，可以得到：

$$K_{HAc}^{\ominus} = \frac{x^2}{c-x} \tag{4-2}$$

在一定温度下，用酸度计测定一系列已知浓度的 HAc 溶液的 pH 值，根据 $pH = -\lg c_{H^+}$ 换算出 c_{H^+}，代入式(4-2)中，可求得一系列对应的 $K_{HAc}^{\ominus}$ 值，取其平均值，即为该温度下醋酸的解离平衡常数。

2. 采用电导率法进行解离平衡常数的测定

设醋酸的起始浓度为 c、解离度为 α，醋酸解离平衡常数的另一种表达式为

$$K_{HAc}^{\ominus} = \frac{c\alpha^2}{1-\alpha} \tag{4-3}$$

电解质溶液的电导率表示其导电能力，电导率 κ（单位：$\mu S/cm$）的表达式为

$$\kappa = G\frac{L}{A} \tag{4-4}$$

式中,G 为电导;L 为两电极间的距离;A 为电极的有效面积。

电解质溶液中的摩尔电导率(Λ_m)、电导率(κ)与浓度(c)之间存在如下关系:

$$\Lambda_m = \frac{\kappa}{c} \tag{4-5}$$

由于醋酸是弱电解质,所以其溶液可以近似视为无限稀释的稀溶液(即完全电离),此时其溶液的摩尔电导率 Λ_m 为无限稀释摩尔电导率 Λ_m^∞(可由物理化学手册查得);同时,对弱电解质而言,其某浓度时的解离度 α 等于该浓度下的电导率与无限稀释摩尔电导率之比,即

$$\alpha \approx \frac{\Lambda_m}{\Lambda_m^\infty} \tag{4-6}$$

在一定温度下,用电导率仪测定一系列已知浓度的 HAc 溶液的电导率(κ),代入式(4-5)中,可求得一系列对应的摩尔电导率(Λ_m);由物理化学手册查得无限稀释摩尔电导率 Λ_m^∞,利用式(4-6)可计算获得一系列解离度;将计算获得的一系列解离度代入式(4-3),可求得一系列对应的 $K_{HAc}^\ominus$ 值,取其平均值,即为该温度下醋酸的解离平衡常数。

主要仪器和试剂

① 仪器:酸式滴定管,烧杯(50 mL,洁净、干燥),pHSJ-3F 型酸度计,DDSJ 308A 型电导率仪。

② 试剂:HAc(0.1 mol/L 标准溶液),标准缓冲溶液(pH=6.86,pH=4.00)。

实验内容

1. 配置不同浓度的 HAc 溶液

将 4 只洁净干燥的烧杯编成 1~4 号,然后按表 4-1 的烧杯编号,用两支滴定管向烧杯中分别准确放入已知浓度的 HAc 溶液和去离子水。

2. HAc 溶液 pH 值的测定

用酸度计由稀到浓测定 1~4 号烧杯中 HAc 溶液的 pH 值,记录实验数据于表 4-1 中。

表 4-1 数据记录与处理(1)

烧杯编号	V_{HAc}/mL	V_{H_2O}/mL	c_{HAc}/(mol·L^{-1})	pH 值	c_{H^+}/(mol·L^{-1})	$K_{HAc}^\ominus = \dfrac{x^2}{c-x}$
1	3.00	45.00				
2	6.00	42.00				
3	12.00	36.00				
4	24.00	24.00				

测定时温度为_____℃,HAc 标准溶液的浓度为_____,HAc 的解离平衡常数 $K_{平均值}^\ominus =$ _____。

3. HAc 溶液的电导率测定

用电导率仪由稀到浓测定 1～4 号 HAc 溶液的电导率 κ，记录实验数据于表 4-2 中。

表 4-2 数据记录与处理(2)

烧杯编号	V_{HAc}/mL	V_{H_2O}/mL	c_{HAc}/(mol·L^{-1})	κ/(μS·cm^{-1})	Λ_m/(S·m^2·md^{-1})	α	$K_{HAc}^{\ominus} = \dfrac{c\alpha^2}{1-\alpha}$
1	3.00	45.00					
2	6.00	42.00					
3	12.00	36.00					
4	24.00	24.00					

测定时温度为_____℃，HAc 标准溶液的浓度为_____，HAc 的解离平衡常数 $K_{平均值}^{\ominus}$ =_____。

思考题

1. 改变被测 HAc 溶液的温度或浓度，解离度和解离平衡常数有无变化？若有，会发生怎样的变化？
2. 配制不同浓度的 HAc 溶液时，玻璃器皿是否需要干燥？为什么？
3. 解离度越大，酸度就越大，这句话是否正确？根据本实验结果加以说明。
4. 若 HAc 溶液的浓度极稀，是否还可用公式 $K_{HAc}^{\ominus} \approx \dfrac{c_{H^+}^2}{c_{HAc}}$ 求解离平衡常数？为什么？
5. 测定不同浓度 HAc 溶液的 pH 值时，为什么要按浓度由低到高的顺序进行？
6. 根据 HAc-NaAc 缓冲溶液中 c_{H^+} 的计算公式：

$$c_{H^+} = K_{HAc}^{\ominus} \dfrac{c_{HAc}}{c_{Ac^-}}$$

判断测定 $K_{HAc}^{\ominus}$ 时是否一定要先知道 HAc 和 NaAc 的浓度？为什么？请设计测定方案。

7. 如何正确使用酸度计？
8. 试分析测定值与理论值之间存在误差的原因。
9. 对比两种方式的测定值，分析不同测试方法产生误差的原因。

实验 2　硫酸钡溶度积常数的测定(电导率法)

实验目的及意义

① 学习电导率仪的使用方法。
② 学习用电导率法测定难溶电解质溶度积的原理和方法。
③ 巩固多相离子平衡的概念和规律。

④ 帮助学生理解难溶电解质的性质,进一步掌握电导率法在实际应用中的作用。

实验原理

在难溶电解质 $BaSO_4$ 的饱和溶液中,存在如下平衡:
$$BaSO_4(s) \rightleftharpoons Ba^{2+} + SO_4^{2-}$$

其溶度积为

$$K_{sp,BaSO_4} = c_{Ba^{2+}} \times c_{SO_4^{2-}} = c_{BaSO_4}^2 \tag{4-7}$$

由于难溶电解质的溶解度很小,很难直接测定,本实验利用浓度与电导率的关系,通过测定溶液的电导率,计算饱和溶液中 $BaSO_4$ 的浓度 c_{BaSO_4},从而计算其溶度积。

电解质溶液中的摩尔电导率(Λ_m)、电导率(κ)与浓度(c)之间存在如下关系:

$$\Lambda_m = \frac{\kappa}{c} \tag{4-8}$$

对于难溶电解质来说,其饱和溶液可近似地视为无限稀释的溶液,正、负离子间的影响趋于零,这时溶液的摩尔电导率 Λ_m 为无限稀释摩尔电导率 Λ_m^∞,即 $\Lambda_{m,BaSO_4} = \Lambda_{m,BaSO_4}^\infty$。$\Lambda_{m,BaSO_4}^\infty$ 可由物理化学手册查得。因此,只要测得 $BaSO_4$ 饱和溶液的电导率(κ),根据式(4-8)就可计算出 $BaSO_4$ 的溶解度 c_{BaSO_4}(单位:mol/L),即

$$c_{BaSO_4} = \frac{\kappa_{BaSO_4}}{\Lambda_{m,BaSO_4}^\infty}(mol/m^3) = \frac{\kappa_{BaSO_4}}{1\,000\Lambda_{m,BaSO_4}^\infty}(mol/L)$$

故

$$K_{sp,BaSO_4} = \left(\frac{\kappa_{BaSO_4}}{1\,000\Lambda_{m,BaSO_4}^\infty}\right)^2 \tag{4-9}$$

主要仪器和试剂

① 仪器:DDSJ 308A 型电导率仪,烧杯(100 mL)。

② 试剂:$BaCl_2$(0.05 mol/L),H_2SO_4(0.05 mol/L),$AgNO_3$(0.1 mol/L),$BaSO_4$(商业品)。

实验内容

① $BaSO_4$ 饱和溶液的制备。

量取 20 mL 0.05 mol/L H_2SO_4 溶液和 20 mL 0.05 mol/L $BaCl_2$ 溶液,分别置于 100 mL 烧杯中,加热近沸(刚有气泡出现),在搅拌下趁热将 $BaCl_2$ 溶液慢慢滴入(每秒 2~3 滴)H_2SO_4 溶液中,然后将盛有沉淀的烧杯放置于沸水浴中加热,并搅拌 10 min,静置冷却 20 min,用倾析法去掉清液,再用近沸的去离子水洗涤 $BaSO_4$ 沉淀 3~4 次,直至检验到清液中无 Cl^- 为止。

最后在盛有洗净的 $BaSO_4$ 沉淀的烧杯中加入 40 mL 去离子水,煮沸 3~5 min,并不断搅拌,冷却至室温,制得 $BaSO_4$ 饱和溶液。

② 向盛有 $BaSO_4$（商业品）的烧杯中加入 40 mL 去离子水，煮沸 3~5 min，并不断搅拌，冷却至室温，制得 $BaSO_4$ 饱和溶液。

③ 用电导率仪测定上面制得的两种 $BaSO_4$ 饱和溶液的电导率 κ_{BaSO_4}。

④ 对比测得的两种 $BaSO_4$ 饱和溶液的电导率，探讨自制 $BaSO_4$ 和商业品 $BaSO_4$ 的纯度。

实验指导

① 实验所用去离子水的电导率应在 5×10^{-4} S/m 左右，这样才可以使 $K_{sp,BaSO_4}$ 能较好地接近真实值。

② 在洗涤 $BaSO_4$ 沉淀时，为提高洗涤效果，不仅要进行搅拌，而且每次应尽量将洗涤液倾出。

③ 为了保证 $BaSO_4$ 溶液的饱和度，在测定 κ_{BaSO_4} 时，盛有 $BaSO_4$ 饱和溶液的小烧杯下层一定要有 $BaSO_4$ 晶体，上层为清液。

④ 25 ℃时，$\Lambda_{m,BaSO_4}^{\infty} = 286.88\times10^{-4}$ S·m²/mol。

数据记录和处理

室温：_____ ℃。

κ_{BaSO_4}：_____ S/m。

$K_{sp,BaSO_4}$：_____。

思考题

1. 为什么要反复洗涤制得的 $BaSO_4$ 沉淀至溶液中无 Cl^- 存在？如果不这样做将会对实验结果有何影响？

2. 使用电导率仪要注意哪些操作？

注：上面计算所得的 $K_{sp,BaSO_4}$ 只是近似值，因为测得的 $BaSO_4$ 饱和溶液的电导率 κ_{BaSO_4} 中包括了 H_2O 的电导率 κ_{H_2O}。精确计算时，在测得 κ_{BaSO_4} 的同时还应测定制备 $BaSO_4$ 饱和溶液所用的去离子水的电导率 κ_{H_2O}，然后按式(4-10)进行计算：

$$K_{sp,BaSO_4} = \left(\frac{\kappa_{BaSO_4} - \kappa_{H_2O}}{1\,000\Lambda_{m,BaSO_4}^{\infty}}\right)^2 \tag{4-10}$$

实验3 化学反应速率与活化能的测定

实验目的及意义

① 了解浓度、温度及催化剂对化学反应速率的影响。

② 测定 $(NH_4)_2S_2O_8$ 与 KI 反应的速率、反应级数、速率系数和反应的活化能。

③ 化学反应速率是衡量化学反应快慢的物理量，而活化能会影响反应速率，活化能越

小,反应速率越快。该实验有助于学生进一步理解反应速率与活化能的关系。

实验原理

在水溶液中,过二硫酸铵与碘化钾发生反应的离子方程式为

$$S_2O_8^{2-} + 3I^- = 2SO_4^{2-} + I_3^- \tag{4-11}$$

这个反应的反应速率方程可表示为

$$v = kc_{S_2O_8^{2-}}^m c_{I^-}^n$$

根据实验测得的速率是在一定时间内的平均反应速率,设在时间 Δt 内 $S_2O_8^{2-}$ 的浓度变化为 $\Delta c_{S_2O_8^{2-}}$,则反应的平均速率为 $\dfrac{\Delta c_{S_2O_8^{2-}}}{\Delta t}$。用平均速率代替瞬时速率 v,上述速率方程式可改写为

$$v = \frac{\Delta c_{S_2O_8^{2-}}}{\Delta t} = kc_{S_2O_8^{2-}}^m c_{I^-}^n$$

为了测出在一定时间(Δt)内 $S_2O_8^{2-}$ 浓度的改变量,在混合 $(NH_4)_2S_2O_8$ 和 KI 溶液时,应同时加入一定体积的已知浓度的 $Na_2S_2O_3$ 溶液和淀粉溶液(指示剂)。这样在反应(4-11)进行的同时,还有以下反应发生:

$$2S_2O_3^{2-} + I_3^- = S_4O_6^{2-} + 3I^- \tag{4-12}$$

反应(4-12)进行得非常快,几乎瞬间完成,而反应(4-11)却缓慢得多。由反应(4-11)生成的 I_3^- 会立即与 $S_2O_3^{2-}$ 反应生成无色的 $S_4O_6^{2-}$ 和 I^-,因此,反应开始的一段时间内,溶液呈无色,但一旦 $S_2O_3^{2-}$ 耗尽,由反应(4-11)生成的微量碘就会立即与淀粉作用,使溶液呈蓝色。

由反应(4-11)和(4-12)的关系可以看出,每反应 1 mol $S_2O_8^{2-}$ 就要消耗 2 mol 的 $S_2O_3^{2-}$,即

$$\Delta c_{S_2O_8^{2-}} = \frac{\Delta c_{S_2O_3^{2-}}}{2}$$

由于 Δt 时间内,$S_2O_3^{2-}$ 已全部耗尽,所以实际上 $\Delta c_{S_2O_3^{2-}}$ 就是反应开始时 $Na_2S_2O_3$ 的浓度。在本实验中,每份混合液中 $Na_2S_2O_3$ 的起始浓度都相同,因而 $\Delta c_{S_2O_3^{2-}}$ 也是不变的。因此,只要记下从反应开始到出现蓝色所需要的时间(Δt),就可以算出一定温度下该反应的平均反应速率:

$$v = \frac{\Delta c_{S_2O_8^{2-}}}{\Delta t} = \frac{\Delta c_{S_2O_3^{2-}}}{2\Delta t}$$

由不同浓度下测得的反应速率可以计算得到该反应的反应级数 m 和 n。

根据用平均反应速率代替瞬时速率的速率方程可求得一定温度下的反应速率常数:

$$k = \frac{\Delta c_{S_2O_8^{2-}}}{\Delta t} \times \frac{1}{c_{S_2O_8^{2-}}^m c_{I^-}^n} = \frac{\Delta c_{S_2O_3^{2-}}}{2\Delta t} \times \frac{1}{c_{S_2O_8^{2-}}^m c_{I^-}^n} \tag{4-13}$$

根据 Arrhenius 方程,反应速率常数 k 和反应温度 T 之间有以下关系:

$$\lg k = -\frac{E_a}{2.303RT} + B$$

式中:E_a 为反应的活化能;R 为摩尔气体常数;$B = \lg A$,A 为给定反应的特征常数。测出不同温度时的 k 值,以 $\lg k$ 对 $\frac{1}{T}$ 作图得一直线,其斜率为

$$斜率 = -\frac{E_a}{2.303R}$$

根据斜率即可求得反应的活化能 E_a。

主要仪器和试剂

① 仪器:恒温水浴锅一台,烧杯(100 mL,洁净、干燥),量筒,秒表,温度计。

② 试剂:$(NH_4)_2S_2O_8$ 溶液(0.20 mol/L),KI 溶液(0.20 mol/L),$Na_2S_2O_3$ 溶液(0.01 mol/L),KNO_3 溶液(0.20 mol/L),$(NH_4)_2SO_4$ 溶液(0.20 mol/L),淀粉溶液(0.2%)。

实验内容

1. 探究浓度对反应速率的影响,求反应级数

在室温下,用 3 个量筒准确量取 20 mL 0.20 mol/L KI 溶液、6.0 mL 0.01 mol/L $Na_2S_2O_3$ 溶液和 4.0 mL 0.2% 淀粉溶液,倒入 100 mL 烧杯中,混合均匀。再用另一量筒量取 20 mL 0.20 mol/L $(NH_4)_2S_2O_8$ 溶液,迅速倒入烧杯中,同时按动秒表,不断搅拌混合溶液,仔细观察现象。当溶液刚出现蓝色时,立即停止计时,将反应时间和温度记入表 4-3 中。

表 4-3 浓度对反应速率的影响

室温:____ ℃

	实验编号	1	2	3	4	5
试剂用量/mL	0.20 mol/L $(NH_4)_2S_2O_8$	20.0	10.0	5.0	20.0	20.0
	0.20 mol/L KI	20.0	20.0	20.0	10.0	5.0
	0.010 mol/L $Na_2S_2O_3$	6.0	6.0	6.0	6.0	6.0
	0.2% 淀粉	4.0	4.0	4.0	4.0	4.0
	0.20 mol/L KNO_3				10.0	15.0
	0.20 mol/L $(NH_4)_2SO_4$		10.0	15.0		
混合液中反应物起始浓度/(mol·L^{-1})	$(NH_4)_2S_2O_8$					
	KI					
	$Na_2S_2O_3$					
反应时间 Δt/s						
$\Delta c_{S_2O_8^{2-}}$/(mol·L^{-1})						
反应速率 v/(mol·L^{-1}·s^{-1})						

用上述方法参照表 4-3 中的用量进行 2～5 号实验,为了使每次实验中溶液的离子强度和总体积保持不变,所减少的 KI 或 $(NH_4)_2S_2O_8$ 的用量可分别用 0.20 mol/L KNO_3 溶液和 0.20 mol/L $(NH_4)_2SO_4$ 溶液来调整。

2. 探究温度对反应速率的影响,求活化能

按表 4-3 中实验 1 的试剂用量分别在高于室温 10 ℃ 和 20 ℃ 的温度下进行实验。这样就可测得这三个温度下的反应时间,并计算三个温度下的反应速率及反应速率常数,把实验数据和实验结果填入表 4-4 中。

表 4-4　温度对反应速率的影响

试验编号	1	6	7
T/K			
$\Delta t/s$			
$v/(\mathrm{mol \cdot L^{-1} \cdot s^{-1}})$			
反应速率常数 k			
$\lg k$			
$1/T$			
反应活化能			

数据记录和处理

1. 反应级数和反应速率常数的求算

把表 4-3 中 1 号实验和 3 号实验的结果代入下式:

$$v = \frac{\Delta c_{S_2O_8^{2-}}}{\Delta t} = k c_{S_2O_8^{2-}}^m c_{I^-}^n$$

$$\frac{v_1}{v_3} = \frac{k c_{S_2O_8^{2-},1}^m \cdot c_{I^-,1}^n}{k c_{S_2O_8^{2-},3}^m \cdot c_{I^-,3}^n}$$

由于

$$c_{I^-,1}^n = c_{I^-,3}^n$$

所以

$$\frac{v_1}{v_3} = \frac{c_{S_2O_8^{2-},1}^m}{c_{S_2O_8^{2-},3}^m}$$

$v_1,v_3,c_{S_2O_8^{2-},1}^m,c_{S_2O_8^{2-},3}^m$ 都是已知数,由此可求出 m。用同样的方法取表 4-3 中的 1 号实验和 5 号实验的结果进行计算,由此可求出 n。再由 m 和 n 得到反应的总级数 $m+n$。

将求得的 m 和 n 代入 $v = k c_{S_2O_8^{2-}}^m c_{I^-}^n$,即可求得反应速率常数 k。

2. 反应活化能的求算

用表 4-4 中的数据,以 $\lg k$ 对 $\dfrac{1}{T}$ 作图得一直线,其斜率为 $-\dfrac{E_a}{2.303R}$,根据斜率即可求

得反应的活化能 E_a。

思考题

1. 根据反应方程式，是否能确定反应级数？为什么？试用本实验的结果加以说明。
2. 若用 I^-（或 I_3^-）的浓度变化来表示该反应的反应速率，则 v 和 k 是否和用 $S_2O_8^{2-}$ 的浓度变化表示的一样？
3. 实验中为什么可以由反应溶液出现蓝色的时间长短来计算反应速率？反应溶液出现蓝色后，反应是否就终止了？
4. 本实验为什么要加入一定量的 $Na_2S_2O_3$？$Na_2S_2O_3$ 用量过多或是过少，对实验结果有何影响？
5. 在 2 号实验、3 号实验中添加不同量的 $(NH_4)_2SO_4$ 溶液；在 4 号实验、5 号实验中添加不同量的 KNO_3 溶液的用意何在？如何选择添加试剂？
6. 下列操作分别对实验结果有何影响？
(1) 取三种试剂的量桶没有分开专用；
(2) 先加 $(NH_4)_2S_2O_8$ 溶液，最后加 KI 溶液；
(3) 慢慢加入 $(NH_4)_2S_2O_8$ 溶液。
7. 除本实验中所介绍的反应级数的求算方法外，还可用哪些方法？

本实验中的活化能文献数据 $E_a=51.8$ kJ/mol。将实验值与文献值做比较，分析产生误差的原因。

实验 4　食品中亚硝酸盐含量的测定

实验目的及意义

① 了解食品中亚硝酸盐含量的测定方法。
② 进一步熟悉分光光度计的使用方法。
③ 亚硝酸盐作为一种食品添加剂，能够保持腌肉制品等的色、香、味，具有一定的防腐作用，但同时具有较强的致癌作用，过量食用对人体有害。本实验意在帮助学生进一步理解 NO_2^- 的性质，加强对分光光度计的了解。

实验原理

在弱酸性溶液中，亚硝酸盐与对氨基苯磺酸发生重氮反应，生成的重氮化合物与盐酸萘乙二胺偶联成紫红色的偶氮染料，可用分光光度法测定。

反应：

(1) $NaNO_2 + 2HCl + H_2N-\text{C}_6\text{H}_4-SO_3H \xrightarrow{\text{重氮化}} CT-\overset{+}{N}\equiv N-\text{C}_6\text{H}_4-SO_3H + NaCl + 2H_2O$

(2) $2HCl \cdot NH_2CH_2CH_2NH$—[萘环]—$+ CT$—$N_2^+$—[苯环]—$SO_3H \xrightarrow{耦合}$

盐酸萘乙二胺

$2HCl \cdot NH_2CH_2CH_2NH$—[萘环]—$N=N$—[苯环]—$SO_3H + HCl$

紫红色偶氮染料

测量采用标准曲线法。

主要仪器和试剂

① 仪器:T6紫外可见分光光度计,漏斗,250 mL容量瓶,50 mL容量瓶×7,烧杯,玻璃棒,滤纸。

② 试剂:饱和硼砂溶液,1.0 mol/L硫酸锌溶液,2 g/L盐酸萘乙二胺溶液,4 g/L对氨基苯磺酸溶液(注:称取0.4 g对氨基苯磺酸并将其溶于200 g/L盐酸中配成100 mL溶液,避光保存),$NaNO_2$标准溶液,肉制香肠。

实验内容

1. 试样预处理

① 称取5 g经均匀绞碎的肉制香肠试样,将其置于50 mL烧杯中;

② 向烧杯中加入12.5 mL饱和硼砂溶液,搅拌均匀,然后加入150～200 mL 70 ℃以上的蒸馏水,置于沸水浴中加热15 min后,取出;

③ 在轻轻摇动下滴加2.5 mL $ZnSO_4$溶液以沉淀蛋白质,冷却至室温后,放置10 min,撇去上层脂肪,再将烧杯中的试样全部洗入250 mL容量瓶中,加水稀释至刻度,摇匀;

④ 用滤纸或脱脂棉过滤清液,弃去最初的10 mL滤液,测定用的滤液应无色透明。

2. 测 定

(1) 标准曲线的绘制

① 分别准确移取$NaNO_2$操作液(10 g/mL)0、0.4、0.8、1.2、1.6、2.0 mL于6支50 mL容量瓶中;

② 分别向上述6支50 mL容量瓶中加30 mL水、2 mL对氨基苯磺酸溶液,摇匀,静置3 min;

③ 分别向上述6支50 mL容量瓶中加入盐酸萘乙二胺溶液1 mL,定容,摇匀,静置15 min;

④ 在T6紫外可见分光光度计上,以空白试剂为参比,用1 cm吸收池,于波长$\lambda_{max}=540$ nm处测定各溶液的吸光度A;

⑤ 绘制$A \sim c_{NO_2^-}$的工作曲线。

(2) 试样的测定

① 准确移取经过处理的试样滤液40 mL于50 mL容量瓶中,加5 mL对氨基苯磺酸溶

液和 5 mL 盐酸萘乙二胺溶液,定容,配制试样溶液;

② 在 T6 紫外可见分光光度计上,以空白试剂为参比,用 1 cm 吸收池,于波长 $\lambda_{max}=540$ nm 处测定各溶液的吸光度 A;

③ 在工作曲线上求出试样溶液中 NO_2^- 的质量浓度,计算试样中 $NaNO_2$ 的质量分数(用 mg/kg 表示),将实验数据记录于表 4-5 中。

表 4-5 数据记录与处理

溶液编号	$NaNO_2/(10\ g \cdot mL^{-1})$	吸光度 A
1	0	
2	0.4	
3	0.8	
4	1.2	
5	1.6	
6	2.0	

绘制吸光度 $A \sim c_{NO_2^-}$ 的工作曲线,并在工作曲线上求出试样溶液中 NO_2^- 的质量浓度,计算试样中 $NaNO_2$ 的质量分数(用 mg/kg 表示)。

思考题

1. 亚硝酸盐作为一种食品添加剂,具有哪些特点?你能否找到一种优于亚硝酸盐的替代品?

2. 承接滤液时,为什么要弃去最初的 10 mL 滤液?

实验 5 磺基水杨酸与 Fe^{3+} 配合物的组成和稳定常数的测定(分光光度法)

实验目的及意义

① 了解分光光度测定配合物的组成及稳定常数的原理和方法。
② 测定磺基水杨酸与 Fe^{3+} 配合物的组成及稳定常数。
③ 学习分光光度计的使用方法。
④ 磺基水杨酸是一种典型的有机显色剂,可以与很多高价金属离子反应生成稳定的螯合物,主要用于测定 Fe^{3+}。该实验有助于学生理解朗伯-比尔定律,学习分光光度计的使用方法。

实验原理

根据朗伯-比尔定律 $A=\kappa bc$,在一定波长下,如果液层的厚度 b 不变,吸光度 A 只与有

色物质的浓度 c 成正比。

设中心离子(M)和配体(L)在某种条件下反应,只生成一种配合物 ML_n(略去电荷):

$$M + nL \rightleftharpoons ML_n$$

如果 M 和 L 都是无色的,而 ML_n 有色,则此溶液的吸光度与配合物的浓度成正比。测得此溶液的吸光度,即可以求出该配合物的组成和稳定常数。本实验采用等摩尔系列法进行测定。

所谓等摩尔系列法,就是保持溶液中中心离子 M 与配体 L 的总物质的量不变,改变 M 与 L 的相对量,配置成一系列溶液,测定其吸光度。在这一系列溶液中,有一些溶液中中心离子是过量的,而另一些溶液中配体是过量的,在这两种情况下配离子的浓度都不能达到最大值。只有当溶液中配体与中心离子的物质的量之比与配离子的组成一致时,配离子的浓度才能达到最大。由于中心离子和配体对光几乎不吸收,所以配离子浓度越大,吸光度也就越大。若以吸光度与配体的摩尔分数作图,则从图上最大吸收峰所对应的摩尔分数可以确定配位数 n,即配合物的组成。设 x_L 为最大吸收峰所对应的配体的摩尔分数,则

$$x_L = \frac{\text{配体物质的量}}{\text{总物质的量}}$$

配合物的配位数为

$$n = \frac{\text{配体物质的量}}{\text{中心离子物质的量}} = \frac{x_L}{1 - x_L}$$

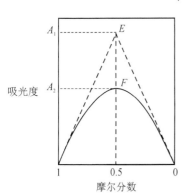

图 4-1 配体物质的量分数

由图 4-1 可知,在摩尔分数为 0.5 处为最大吸收峰,所以

$$n = \frac{x_L}{1 - x_L} = \frac{0.5}{1 - 0.5} = 1$$

即求出配合物的组成为 ML 型配合物。

由图 4-1 可知,E 处对应的最大吸光度可认为是 M 和 L 全部形成配合物 ML 时的吸光度,其值为 A_1,在 F 处的吸光度是 ML 发生部分解离而剩下的那部分配合物的吸光度,其值为 A_2,因此配合物 ML 的解离度(α)为

$$\alpha = \frac{A_1 - A_2}{A_1}$$

对 1:1 型的配合物 ML,其稳定常数可由下列平衡关系导出:

$$ML \rightleftharpoons M + L$$

平衡浓度 $\quad c - c\alpha \quad c\alpha \quad c\alpha$

$$K_{\text{稳(表观)}} = \frac{c_{ML}}{c_M \times c_L} = \frac{1 - \alpha}{c\alpha^2}$$

其中,c 是相应于 E 点的中心离子的浓度。

磺基水杨酸($C_7H_6O_6S$,简写为 H_3R)与 Fe^{3+} 可形成稳定的配合物,形成的配合物的组

成因pH值的不同而不同。在pH<4时,形成1:1型螯合物,呈紫红色,配合反应方程式为

$$Fe^{3+} + 3C_6H_4(OH)SO_3^- \longrightarrow Fe(C_6H_4(OH)SO_3)_3$$

在pH值为10左右时可形成1:3型螯合物,呈黄色。在pH值为4~10时生成红色的1:2型螯合物。

本实验将控制pH值在2.5以下,测定Fe^{3+}与磺基水杨酸形成紫红色的磺基水杨酸合铁(Ⅲ)配离子的组成和稳定常数。通过加入0.01 mol/L $HClO_4$以保证测定时所需的pH值。

主要仪器和试剂

① 仪器:T6紫外可见分光光度计,吸量管(10 mL),烧杯(50 mL,洁净、干燥),容量瓶(100 mL)。

② 试剂:$(NH_4)Fe(SO_4)_2$(0.010 mol/L),磺基水杨酸(0.010 mol/L),$HClO_4$(0.01 mol/L)。

实验内容

① 配制0.001 mol/L Fe^{3+}溶液:准确吸取10 mL 0.010 mol/L Fe^{3+}溶液于100 mL容量瓶中,用0.01 mol/L $HClO_4$溶液稀释至刻度,摇匀备用;

② 配制0.001 mol/L磺基水杨酸溶液:准确吸取10 mL 0.010 mol/L磺基水杨酸溶液于100 mL容量瓶中,用0.01 mol/L $HClO_4$溶液稀释至刻度,摇匀备用;

③ 按表4-6所列试剂名称和用量配制溶液,并混合均匀;

④ 通过T6紫外可见分光光度计,在波长为500 nm处测定溶液的吸光度,将测得的吸光度数据记录在表4-6中。

表4-6 数据记录和处理

溶液编号	0.01 mol/L $HClO_4$ 溶液的体积/mL	0.001 mol/L Fe^{3+} 溶液的体积/mL	0.001 mol/L 磺基水杨酸溶液的体积/mL	磺基水杨酸的摩尔分数	吸光度 A
1	10.00	10.00	0.00		
2	10.00	9.00	1.00		
3	10.00	8.00	2.00		
4	10.00	7.00	3.00		
5	10.00	6.00	4.00		
6	10.00	5.00	5.00		
7	10.00	4.00	6.00		
8	10.00	3.00	7.00		
9	10.00	2.00	8.00		
10	10.00	1.00	9.00		
11	10.00	0.00	10.00		

以吸光度对磺基水杨酸的摩尔分数作图,从图中找出最大吸收峰,求出配合物的组成和稳定常数。

思考题

1. 本实验测定配合物的组成和稳定常数的原理是什么?
2. 什么叫等摩尔系列法?用该法作图的纵坐标和横坐标分别是什么?用该法作出的图形有什么特点?如何算出配合物的组成和稳定常数?
3. 在配制溶液时,为什么要用高氯酸的稀溶液作为稀释液?
4. 1∶1 型磺基水杨酸合铁(Ⅲ)配离子的 $\lg K$ 应为 14.64(文献值),分析产生误差的原因。

实验6 氧化还原反应与电极电势的测定

实验目的及意义

① 掌握电极电势与氧化还原反应的关系;
② 掌握浓度、介质酸碱性对电极电势及氧化还原反应方向的影响;
③ 了解原电池的组成和工作原理,学会原电池电动势的测量方法;
④ 了解氧化性和还原性的相对性;
⑤ 了解电化学腐蚀的基本原理。

实验原理

1. 浓度对电极电势和氧化还原反应的影响

当氧化态物质的浓度增大或还原态物质的浓度减小时,电极电势升高,氧化态物质在水溶液中的氧化能力增强,还原态物质的还原能力降低;相反,当氧化态物质的浓度减小或还原态物质的浓度增大时,电极电势降低,还原态物质的还原能力增强,氧化态物质的氧化能力降低。加入某种配位剂(如氨水)或沉淀剂(如 S^{2-}),会使金属离子浓度大大降低,从而使电极电势值发生大幅度改变甚至导致氧化还原反应方向和电池正负极的改变。

如 $\varphi^{\ominus}(Cu^{2+}/Cu^{+})=0.159\ V$,$\varphi^{\ominus}(I_2/I^{-})=0.536\ V$,在标准状态下,$I_2$ 是氧化剂,能把 Cu^{+} 氧化为 Cu^{2+},同时 I_2 自身被还原为 I^{-}。但生成的 I^{-} 立即与 Cu^{+} 反应,生成 CuI 沉淀:

$$I_2 + 2Cu^{+} \Longrightarrow 2Cu^{2+} + 2I^{-}$$

$$I^{-} + Cu^{+} \Longrightarrow CuI \downarrow$$

显然,在溶液中加入 I^{-} 后,由于生成 CuI 沉淀,还原态物质 $c(Cu^{+})$ 明显下降,$\varphi^{\ominus}(Cu^{2+}/Cu^{+})$ 升高,Cu^{2+} 的氧化能力增强。实际上,在 Cu^{2+}、Cu^{+} 溶液中加入 I^{-},原来电对中的 Cu^{+} 将转化为 CuI 沉淀,在此条件下组成了一个新的电对 Cu^{2+}/CuI,电极反应为

$$Cu^{2+}\ (aq) + I^{-}\ (aq) + e^{-} \Longrightarrow CuI \downarrow$$

因为溶液中 Cu^{2+} 和 I^- 均为标准浓度,所以此时电极 Cu^{2+}/CuI 处于标准状态,则 $\varphi(Cu^{2+}/Cu^+)=\varphi^{\ominus}(Cu^{2+}/CuI)=0.857\ V>\varphi(I_2/I^-)$,上述氧化还原反应逆向进行,即

$$4I^- + 2Cu^{2+} = 2CuI\downarrow + I_2$$

在铜锌原电池中,当增大 Cu^{2+}、Zn^{2+} 浓度时,它们的电极电势 φ 值都分别增大;反之,则 φ 值减小。如果在原电池中保持某一半电池的离子浓度不变,而改变另一半电池的离子浓度,则会使原电池的电动势发生改变。

2. 介质酸碱性对氧化还原反应的影响

① 介质酸碱性对氧化还原反应产物的影响:高锰酸钾在酸性、中性和强碱性介质中分别被还原为无色的 Mn^{2+}、棕色的 MnO_2 沉淀、绿色的 MnO_4^{2-},说明介质酸碱性对氧化还原反应产物有影响。

② 介质酸碱性对氧化还原反应方向的影响:在酸性介质中,IO_3^- 与 I^- 反应生成 I_2 而使淀粉变蓝,其反应式为

$$IO_3^- + 5I^- + 6H^+ = 3I_2 + 3H_2O$$

在碱性介质中,I_2 歧化成无色的 IO_3^- 和 I^-,其反应式为

$$3I_2 + 6OH^- = IO_3^- + 5I^- + 3H_2O$$

由此可见,介质的酸碱性对氧化还原反应的方向会产生影响。

③ 电极电势的应用:水溶液中氧化还原反应的方向、顺序可根据电极电势的数值加以判断。自发进行的氧化还原反应,氧化剂电对的电极电势代数值应大于还原剂电对的电极电势代数值。

④ 氧化性和还原性的相对性:一种元素有多种氧化态时,氧化态居中的物质(如 H_2O_2)一般既可作氧化剂,又可作还原剂。

主要仪器和试剂

① 仪器:试管,量筒,烧杯,铜电极,锌电极,万用表,盐桥,导线若干。

② 试剂:H_2SO_4(2 mol/L),NaOH(2 mol/L、6 mol/L),$NH_3 \cdot H_2O$(浓),$CuSO_4$(0.1 mol/L、1 mol/L),$ZnSO_4$(1 mol/L),$KMnO_4$(0.01 mol/L、0.1 mol/L),$SnCl_2$(0.2 mol/L),KSCN(0.1 mol/L),$FeCl_3$(0.1 mol/L),Na_2SO_3(0.2 mol/L),KBr(0.1 mol/L),KI(0.1 mol/L),KIO_3(0.1 mol/L),NaCl(0.1 mol/L),$K_3[Fe(CN)_6]$(0.1 mol/L),H_2O_2(3%),CCl_4,酚酞,细铜丝,锌片,铁钉。

实验内容

1. 浓度对氧化还原反应的影响

在一支试管中加入 10 滴 0.1 mol/L $CuSO_4$ 溶液,再加入 10 滴 0.1 mol/L KI 溶液,观察现象。然后加入 10 滴 CCl_4 溶液,充分振荡,观察 CCl_4 层颜色变化,并写出有关反应方程式。

2. 介质的酸碱性对氧化还原反应的影响

(1) 对反应产物的影响

取三支试管,分别加入 2 滴 0.01 mol/L KMnO$_4$ 溶液;然后在第一支试管中加入 3 滴 2 mol/L H$_2$SO$_4$ 溶液,在第二支试管中加入 6 滴 6 mol/L NaOH 溶液,在第三支试管中加入 6 滴蒸馏水;接着分别往三支试管中逐滴加入 0.2 mol/L Na$_2$SO$_3$ 溶液,观察各试管中溶液的颜色有何不同?解释产生上述现象的原因,并写出有关反应方程式。

(2) 介质的酸碱性对反应方向的影响

在试管中加入 10 滴 0.1 mol/L KI 溶液和 2~3 滴 0.1 mol/L KIO$_3$ 溶液,混合后,观察有无变化。再加入几滴 2 mol/L H$_2$SO$_4$ 溶液,观察有无变化。然后逐滴加入 2 mol/L NaOH 溶液,使混合溶液呈碱性,观察反应现象。解释产生上述现象的原因,并写出有关反应方程式。

3. 电极电势的应用

(1) 判断氧化还原反应的顺序

在试管中加入 10 滴 0.1 mol/L FeCl$_3$ 溶液和 4 滴 0.1 mol/L KMnO$_4$ 溶液,摇匀后再逐滴加入 0.2 mol/L SnCl$_2$ 溶液,并不断摇动试管,待 KMnO$_4$ 溶液刚一褪色后(SnCl$_2$ 溶液不能过量!),加入 1 滴 0.1 mol/L KSCN 溶液,观察现象。继续滴加 0.2 mol/L SnCl$_2$ 溶液,观察溶液颜色变化。解释实验现象,并写出有关离子反应方程式(SCN$^-$ 是检验 Fe^{3+} 的特征试剂)。

$$\varphi(MnO_4^-/Mn^{2+}) = 1.507 \text{ V}$$
$$\varphi(Fe^{3+}/Fe^{2+}) = 0.771 \text{ V}$$
$$\varphi(Sn^{4+}/Sn^{2+}) = 0.151 \text{ V}$$

(2) 判断氧化还原反应的方向

① 将 10 滴 0.1 mol/L KI 溶液与 2 滴 0.1 mol/L FeCl$_3$ 溶液在试管中混匀后,加入 6 滴 CCl$_4$,充分振荡,观察 CCl$_4$ 层颜色有什么变化?

② 用 0.1 mol/L KBr 溶液代替 0.1 mol/L KI 溶液进行与①同样的实验,观察 CCl$_4$ 层颜色有什么变化?根据以上实验结果说明电极电势与氧化还原反应方向之间的关系。

$$\varphi^{\ominus}(Br_2/Br^-) = 1.066 \text{ V}$$
$$\varphi^{\ominus}(I_2/I^-) = 0.536 \text{ V}$$
$$\varphi^{\ominus}(Fe^{3+}/Fe^{2+}) = 0.771 \text{ V}$$

4. 氧化性和还原性的相对性(设计性实验)

用 0.01 mol/L KMnO$_4$ 溶液、0.1 mol/L KI 溶液、3% H$_2$O$_2$ 溶液、2 mol/L H$_2$SO$_4$ 溶液、CCl$_4$ 设计一个实验,证明 H$_2$O$_2$ 既有氧化性又有还原性,并写出有关离子反应方程式。

5. 原电池电动势的测量及浓度对原电池电动势的影响

(1) 原电池电动势的测量

按图 4-2 装置装配原电池,往左边的烧杯中加入约 20 mL 1 mol/L ZnSO$_4$ 溶液,往右边烧杯中加入约 20 mL 1 mol/L CuSO₄ 溶液,分别将锌片和铜片插入左右两个烧杯中,用盐桥将左右两个烧杯相连接。打开万用表将测量模式调节至直流电压档 4.000 V 范围。将负极的引线与万用表负极(黑表笔)相连接,正极的引线与万用表正极(红表笔)相连接,测定电池电动势。

(2) 浓度对原电池电动势的影响

① 取出盐桥,在 CuSO₄ 溶液中加入 10 mL 浓 NH₃·H₂O 并充分搅拌,直到沉淀完全溶解,形成深蓝色溶液。用盐桥将此烧杯与装 ZnSO₄ 溶液的烧杯相连接,测定此时的电池电动势,观察电动势有何变化,分析这种变化是怎样引起的?

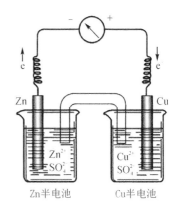

图 4-2 原电池装置示意图

② 取出盐桥,在 ZnSO₄ 溶液中加入 10 mL 浓 NH₃·H₂O 并充分搅拌,直到沉淀完全溶解,用盐桥将此烧杯与装 CuSO₄ 溶液的烧杯相连接,测定此时电池电动势有何变化,并解释产生上面的实验结果的原因。

6. 金属的电化学腐蚀

将一小段铜丝绕在一颗无锈铁钉的中部,放入试管,用 0.1 mol/L NaCl 溶液浸没之,再加 1 滴酚酞和 1 滴 0.1 mol/L K₃[Fe(CN)₆]溶液,摇匀,静置一段时间后(不要晃动,静置 3 min 以上),仔细观察铁钉和铜丝周围的现象,用所学的知识进行解释。同样,如果把一条锌片紧绕在一颗无锈铁钉中部,同样置于上述溶液中,将会发生怎样的腐蚀?以实验进行说明。

思考题

1. 在不同介质中,KMnO₄ 的还原产物分别是什么?在何种介质中 KMnO₄ 的氧化性最强?

2. 如何判断氧化剂和还原剂的强弱及氧化还原反应进行的方向?

3. 为什么 H₂O₂ 既可作为氧化剂,又可作为还原剂?在何种情况下可作为氧化剂?何种情况下可作为还原剂?

4. 将铜片插入盛有 0.1 mol/L CuSO₄ 溶液的烧杯中,银片插入盛有 0.1 mol/L AgNO₃ 溶液的烧杯中,若加氨水于 CuSO₄ 溶液中,电池电动势如何变化?若加氨水于 AgNO₃ 溶液中,情况又如何?

第5章 常见元素及其化合物的性质

实验7 氯、溴、碘的化合物

实验目的及意义

① 了解卤素单质、氢化物、卤素离子的物理性质和化学性质递变规律；
② 了解卤素离子与 Ag^+ 的特征反应及卤化银的性质，并学会区分 Cl^-、Br^-、I^-；
③ 了解次卤酸盐和亚酸盐的性质；
④ 学习分离和鉴定卤素离子；
⑤ 氯、溴、碘三种元素是卤族元素的代表，可以形成多种形式的化合物，性质活泼，在化工生产中有广泛的应用，了解其物理、化学性质和递变规律有助于理解ⅦA族元素。

实验原理

氯、溴、碘是周期系ⅦA族元素，在化合物中最常见的氧化值为 -1，但在一定条件下也可生成氧化值为 $+1$，$+3$，$+5$，$+7$ 的化合物。

① 卤素都是氧化剂，它们的氧化性排序如下：$F_2 > Cl_2 > Br_2 > I_2$；而卤素离子的还原性则排序相反：$I^- > Br^- > Cl^- > F^-$。

例如，HI 能将浓 H_2SO_4 还原为 H_2S，HBr 可将浓 H_2SO_4 还原为 SO_2，而 HCl 则不能还原浓 H_2SO_4：

$$8HI + H_2SO_4(浓) = 4I_2 + H_2S + 4H_2O$$

$$2HBr + H_2SO_4(浓) = Br_2 + SO_2 + 2H_2O$$

② 氯、溴的水溶液分别称为氯水和溴水。碘在碘化钾或其他可溶性碘化物溶液中溶解度大，这是由于 I_2 和 I^- 形成 I_3^-，随着碘溶解量的增多，溶液的颜色由黄色变为棕色。

由于氯水中存在如下平衡：

$$Cl_2 + H_2O = HCl + HClO$$

因此，将氯气通入冷的碱溶液，可使上述平衡向右移动，生成次氯酸盐。例如：

$$Cl_2 + 2NaOH(冷) = NaCl + NaClO + H_2O$$

这就是氯的歧化反应。次氯酸和次氯酸盐都是强氧化剂。

氯酸盐在中性介质中没有明显的氧化性，但在酸性介质中能表现出强氧化性。如在酸性介质中，ClO_3^- 能将 I^- 氧化为 I_2，随着酸性的增强，ClO_3^- 氧化性逐渐增强，可将 I_2 进一步

氧化为 IO_3^-。

③ Cl^-、Br^-、I^- 能分别和 Ag^+ 生成难溶于水的 AgCl(白色)、AgBr(淡黄色)、AgI(黄色),它们都不溶于稀 HNO_3。AgCl 在氨水、$(NH_4)_2CO_3$ 溶液、$AgNO_3$-NH_3 溶液中,由于生成配离子$[Ag(NH_3)_2]^+$而溶解,其反应式为

$$AgCl + 2NH_3 =\!=\!= [Ag(NH_3)_2]^+ + Cl^-$$

利用该性质,可以将 AgCl 和 AgBr、AgI 分离。在分离 AgBr、AgI 后的溶液中,再加入 HNO_3 酸化,则 AgCl 又重新沉淀,其反应式为

$$[Ag(NH_3)_2]^+ + Cl^- + 2H^+ =\!=\!= AgCl\downarrow + 2NH_4^+$$

Br^- 和 I^- 可以被氯水氧化为 Br_2 和 I_2,如用 CCl_4 萃取,Br_2 在 CCl_4 层中呈橙黄色,I_2 在 CCl_4 层中呈紫色,借此可鉴定 Br^- 和 I^-。

仪器和试剂

① 仪器:离心机。

② 试剂:

固体:NaCl,KBr,KI,锌粉。

酸:H_2SO_4(1 mol/L,1∶1,浓),HCl(2 mol/L,浓),HNO_3(2 mol/L)。

碱:NaOH(2 mol/L),$NH_3·H_2O$(6 mol/L)。

盐:KI 溶液(0.1 mol/L),NaCl 溶液(0.1 mol/L),KBr 溶液(0.1 mol/L),$AgNO_3$ 溶液(0.1 mol/L),$Pb(Ac)_2$ 溶液(0.1 mol/L),$Na_2S_2O_3$ 溶液(0.1 mol/L),Na_2S 溶液(0.1 mol/L),饱和 $KClO_3$ 溶液。

其他:氯水,淀粉溶液,CCl_4,$AgNO_3$·NH_3 溶液。

实验内容

1. 卤化氢还原性比较

在 3 支试管中分别加入少量 NaCl、KBr、KI 固体,然后加入数滴浓 H_2SO_4,观察现象。选用合适试纸[pH 试纸、KI-淀粉试纸、$Pb(Ac)_2$ 试纸]检验所产生的气体,根据现象分析产物。比较 HCl、HBr、HI 的还原性,并写出反应方程式。

注:① 固体用量要少。当看清现象后,应在试管中加 NaOH 中和未反应的酸,以免污染空气。

② 用 pH 试纸检验气体时,必须先将 pH 试纸用去离子水湿润。

③ 检验挥发性气体时,必须将用于检验的试纸悬空放在试管口的上方。

2. 次氯酸盐的性质

取 2 mL 氯水,逐滴加入 NaOH 溶液至溶液呈碱性(pH=8~9),将所得溶液分盛于 3 支试管中,分别进行以下实验:

① 加入数滴 2 mol/L HCl,用 KI-淀粉试纸检验产生的氯气,写出反应方程式。

② 加入数滴 NaCl 溶液，用 KI-淀粉试纸检验有无氯气产生。

③ 加入 KI 溶液，再加数滴淀粉溶液，观察有何现象，并写出反应方程式。

根据上面的实验说明 NaClO 的性质以及酸度对 NaClO 氧化性的影响。

注：在制备 NaClO 溶液时，溶液的碱性不能太强，否则会使实验③现象不明显。

3. 亚酸盐的性质

① 在数滴饱和 $KClO_3$ 溶液中，加入少量浓 HCl 溶液，试证明有无氯气产生，写出反应方程式。

② 取少量 0.1 mol/L KI 溶液，加入少量饱和 $KClO_3$ 溶液，观察现象，再逐滴加入 1∶1 比例的 H_2SO_4 并不断振荡试管，观察溶液先为黄色（I_3^-），后变为紫黑色（I_2 析出），最后变成无色（IO_3^-）。根据实验现象说明介质对 $KClO_3$ 氧化性的影响，写出每步的反应方程式，并比较 HIO_3 与 $HClO_3$ 的氧化性强弱。

根据实验内容 2 和 3，从介质条件、试剂浓度及实验现象等角度比较 NaClO 和 $KClO_3$ 氧化性的强弱。

注：1∶1 比例的 H_2SO_4 必须逐滴加入，并需不断振荡试管，仔细观察现象。

4. 卤素离子的分离和鉴定

① 分别取 0.1 mol/L 的 NaCl、KBr、KI 溶液，练习鉴定 Cl^-、Br^-、I^- 的方法。

② 取 Cl^-、Br^-、I^- 的混合液，练习分离和鉴定的方法。

③ 向教师领取一份未知溶液（可能含有 Cl^-、Br^-、I^-），设法鉴定有哪些离子存在并将其分离。

注：① 检验沉淀完全的方法：将沉淀在水浴上加热，离心沉降后在上层清液中加入沉淀剂，如果不再产生新的沉淀，表示已完全沉淀。

② 用氯水检验 Br^- 的存在时，如果加入过量氯水，反应产生的 Br_2 将被进一步氧化为 BrCl 而使溶液由橙黄色变为淡黄色，影响 Br^- 的检出。

③ AgCl 溶于氨水，AgBr 部分溶于氨水、AgI 则不溶于氨水。为抑制 AgBr 的溶解，以 $AgNO_3·NH_3$ 溶液来处理 AgCl、AgBr、AgI 沉淀。这是由于 $AgNO_3·NH_3$ 溶液中除 NH_3 外，还含有 $[Ag(NH_3)_2]^+$ 配离子，$[Ag(NH_3)_2]^+$ 配离子的存在可使反应 $AgBr+2NH_3 \Longrightarrow [Ag(NH_3)_2]^+ + Br^-$ 的平衡向左移动，AgBr 几乎完全不溶，从而使 AgCl 与 AgBr、AgI 分离，将实验数据与处理过程记录于表 5-1 中（表中 X 表示对应的卤素）。

表 5-1 数据记录与处理

实验	实验步骤	实验现象	结论、解释与反应方程式
HX 还原性比较			
次氯酸盐的性质			
亚酸盐的性质			
卤素离子的分离和鉴定			

第5章 常见元素及其化合物的性质

思考题

1. 现有两组白色固体：

    A 组　NaCl, NaBr, KClO₃

    B 组　KClO, KClO₃, KClO₄

   请设计方案加以鉴定。

2. 在 Br⁻、I⁻ 混合液中逐滴加入氯水时，CCl₄ 层先呈紫色，后呈橙黄色，如何解释这一现象？（已知：$E(Cl_2/Cl^-)=1.358$ V，$E(Br_2/Br^-)=1.065$ V，$E(I_2/I^-)=0.5355$ V，$E(IO_3^-+H^+/I_2+H_2O)=1.085$ V。）

3. 有甲、乙两个学生同时做检验有无氯气产生的实验：

    甲　饱和 KClO₃ + 浓 HCl ——KI-淀粉试纸——→变蓝，一段时间后蓝色消失

    乙　固体 NaCl + 浓 H₂SO₄——KI-淀粉试纸——→无现象，一段时间后略变蓝

   试问两个实验是否都有氯气产生？解释上述两种现象，并写出反应方程式。

4. 向溶液 A 中加入 NaCl 溶液后有白色沉淀 B 析出，B 溶于氨水后得到 C 溶液，把 NaBr 溶液加入 C 溶液中则产生浅黄色沉淀 D，D 见光后易变黑，D 溶于 Na₂S₂O₃ 后得到 E，在 E 中加入 NaI 则有黄色沉淀 F 析出，自溶液中分离出 F，加少量 Zn 粉煮沸，加 HCl 除 Zn 粉得固体 G，将 G 自溶液中分离出来，加 HNO₃ 得到溶液 A。判断 A～G 各为何物，写出实验过程中有关的反应方程式。

化合物性质实验报告书写要求

化合物性质实验报告通常包括实验步骤，实验现象，结论、解释与反应方程式三部分。实验步骤（内容）应在预习时按实验要求书写，如要求中未说明试剂浓度和用量，则建议使用较低浓度和较少用量；实验现象应在实验过程中记录，如发现实验现象与理论不符，应寻找原因并在改变条件后重新实验；结论、解释与反应方程式应在实验结束后完成。一般可用表格形式表达上述内容，示例如表 5-2 所列。

表 5-2　实验报告示例

实验目的	实验步骤	实验现象	结论、解释与反应方程式
1. 卤化氢的还原性比较	(1) 几粒 NaCl(s) 加数滴浓 H₂SO₄	无色气体	HCl 还原性弱，不能被浓 H₂SO₄ 氧化 NaCl + H₂SO₄(浓)→NaHSO₄ + HCl↑
	pH 试纸	变红	HCl 显示酸性
	KI-淀粉试纸	不变色	无反应
	(2) 几粒 KBr(s) 加数滴 H₂SO₄	红棕色气体	气体为 Br₂，HBr 的还原性强，被 H₂SO₄ 氧化 2KBr+3H₂SO₄(浓)→Br₂+SO₂+2KHSO₄ + 2H₂O
	KI-淀粉试纸	变蓝	Br₂ + 2KI→I₂+2KBr，I₂ 遇 KI-淀粉变蓝
	Pb(Ac)₂ 试纸	不变色	无反应
	(3) …	…	…
	HX 的还原性：HI>HBr>HCl		

实验 8 氧、硫、氮和磷

实验目的及意义

① 了解 H_2O_2 和 H_2S 既可以做氧化剂又可以做还原剂；
② 掌握亚硫酸、亚硝酸、磷酸及其盐的氧化性和还原性；
③ 掌握 S^{2-}、SO_3^{2-}、$S_2O_3^{2-}$、NH_4^+、NO_3^-、NO_2^-、PO_4^{3-} 等离子的鉴定方法。
④ 对氧、硫、氮、磷形成的氢化物、酸和盐的化学性质进行探究，可以在生产和生活中对该四种元素的相关离子进行简单的分离和鉴定，同时对了解ⅥA，ⅤA族中的其他元素的性质有着借鉴意义。

实验原理

氧(O)和硫(S)、氮(N)和磷(P)元素分别是周期系ⅥA、ⅤA族中常见且重要的元素。

① O 的常见氧化值为 -2。H_2O_2 分子中氧的氧化值为 -1，介于 0 和 -2 之间，所以 H_2O_2 既具有氧化性又具有还原性。H_2O_2 在酸性介质中是强氧化剂，它可与 I^-、S^{2-}、Fe^{2+} 等多种还原剂反应；遇到强氧化剂(如 $KMnO_4$)时，H_2O_2 表现出还原性。例如：

$$H_2O_2 + 2I^- + 2H^+ \rightleftharpoons I_2 + 2H_2O$$
$$2MnO_4^- + 5H_2O_2 + 6H^+ \rightleftharpoons 2Mn^{2+} + 5O_2 + 8H_2O$$

H_2O_2 不太稳定，见光、受热或当有 MnO_2 及其他重金属离子存在时可加速 H_2O_2 的分解。

② H_2S 中 S 的氧化值是 -2，它是强还原剂，氧化产物一般为单质 S，遇到强氧化剂(如 $KMnO_4$)时，H_2S 有时也被氧化为 SO_4^{2-}：

$$5H_2S + 2KMnO_4 + 3H_2SO_4 \rightleftharpoons 5S\downarrow + 2MnSO_4 + K_2SO_4 + 8H_2O$$
$$5H_2S + 8KMnO_4 + 7H_2SO_4 \rightleftharpoons 8MnSO_4 + 4K_2SO_4 + 12H_2O$$

除碱金属(包括 NH_4^+)的硫化物外，大多数硫化物难溶于水，并具有特征的颜色。根据硫化物在酸中的溶解情况可将其分为四类：ZnS、MnS、FeS 等溶于稀盐酸；CdS、PbS 等难溶于稀盐酸，易溶于较浓的盐酸；CuS、Ag_2S 难溶于浓、稀盐酸，易溶于硝酸；HgS 在硝酸中也难溶，而溶于王水。

根据金属硫化物的溶解度和颜色的不同，可以分离和鉴定金属离子。

③ SO_2 溶于水生成亚硫酸。亚硫酸及其盐常用作还原剂，但遇强还原剂(如 H_2S)时，也起氧化剂的作用。SO_2 可以和某些有色的有机化合物生成无色加和物，所以具有漂白性，但这种加和物受热易分解。

$Na_2S_2O_3$ 是常用的还原剂，其氧化产物取决于氧化剂的强弱。当氧化剂较弱(如 I_2)时，$S_2O_3^{2-}$ 被氧化为 $S_4O_6^{2-}$；当氧化剂较强(如 Cl_2)时，$S_2O_3^{2-}$ 被氧化为 SO_2。$Na_2S_2O_3$ 在酸性

介质中生成 $H_2S_2O_3$，但 $H_2S_2O_3$ 极不稳定，易分解为 S 和 SO_2。

$$2Na_2S_2O_3 + I_2 = Na_2S_4O_6 + 2NaI$$

$$Na_2S_2O_3 + 4Cl_2 + 5H_2O = Na_2SO_4 + H_2SO_4 + 8HCl$$

$$H_2S_2O_3 = H_2O + S\downarrow + SO_2\uparrow$$

④ 亚硝酸可通过亚硝酸盐和酸反应制得，但亚硝酸不稳定，易分解：

$$2HNO_2 \rightleftharpoons H_2O + N_2O_3（在水中呈浅蓝色）\rightleftharpoons H_2O + NO\uparrow + NO_2\uparrow$$

中间产物 N_2O_3 在水溶液中呈浅蓝色且不稳定，进一步分解为 NO 和 NO_2。亚硝酸及其盐既具氧化性，又具还原性，但以氧化性为主。

⑤ 磷酸是一种非挥发性的中强酸，它可以形成三种不同类型的盐：磷酸盐、磷酸一氢盐和磷酸二氢盐。磷酸二氢盐易溶于水，其余两种磷酸盐除了钠、钾、铵盐外都难溶于水，但能溶于盐酸。碱金属的磷酸盐 Na_3PO_4、Na_2HPO_4、NaH_2PO_4 溶于水后，由于水解程度不同，溶液酸碱性也不同。在各类磷酸盐溶液中加入 $AgNO_3$ 溶液都可得到黄色的磷酸银沉淀。

⑥ 一些常见离子鉴定情况如表 5-3 所列。

表 5-3 常见离子的鉴定方法(1)

离子	鉴定试剂	现象及产物
S^{2-}	① 稀 HCl； ② $Pb(Ac)_2$ 试纸； ③ $Na_2[Fe(CN)_5NO]$	① 腐蛋臭味(H_2S)； ② 变黑(PbS)； ③ 紫红色$[[Fe(CN)_5NOS]^{4-}]$
SO_3^{2-}	饱和 $ZnSO_4$ 溶液，$K_4[Fe(CN)_6]$，$Na_2[Fe(CN)_5NO]$	红色
$S_2O_3^{2-}$	$AgNO_3$	白色→黄色→棕色→黑色(Ag_2S)
NH_4^+	① NaOH，湿润红色石蕊试纸； ② 奈斯勒试剂($K_2[HgI_4]$的碱性溶液)	① 试纸变蓝； ② 红棕色沉淀
NO_3^-	$FeSO_4 \cdot 7H_2O(s)$，浓 H_2SO_4	棕色环[Fe(NO)SO_4]
NO_2^-	$FeSO_4 \cdot 7H_2O(s)$，HAc	棕色[Fe(NO)SO_4]
PO_4^{3-}	HNO_3，$(NH_4)_2MoO_4$(过量)，微热	黄色沉淀 $[(NH_4)_3PO_4 \cdot 12MoO_3 \cdot 6H_2O]$

仪器和试剂

① 仪器：离心机，点滴板，表面皿。

② 试剂：

固体：锌粉，$FeSO_4 \cdot 7H_2O$，$PbCO_3$。

酸：HNO_3(2 mol/L，6 mol/L)，H_2SO_4(1 mol/L，3 mol/L，1∶1，浓)，HCl(2 mol/L，6 mol/L)，HAc(2 mol/L)。

碱：NaOH(2 mol/L，6 mol/L)，$NH_3 \cdot H_2O$(2 mol/L，6 mol/L)。

盐：NH_4Cl，KI，Na_3PO_4，Na_2HPO_4，NaH_2PO_4，$NaNO_3$，$AgNO_3$，$Na_2S_2O_3$，$FeCl_3$，

$MnSO_4$,$K_4[Fe(CN)_6]$,$CaCl_2$,Na_2SO_3,Na_2S(以上溶液均为 0.1 mol/L),$NaNO_2$(0.1 mol/L,1 mol/L),$ZnSO_4$(0.1 mol/L,饱和),$NH_4·Cl$(饱和),$KMnO_4$(0.01 mol/L)。

其他:钼酸铵(0.1 mol/L),$Na_2[Fe(CN)_5NO]$(1%),碘水,氯水,品红溶液(0.1%),淀粉溶液,SO_2 水溶液(饱和),H_2S 水溶液(饱和),H_2O_2(3%),奈斯勒试剂。

实验内容

1. H_2O_2 的性质

① 试验 H_2O_2 在酸性介质中分别与 $KMnO_4$、KI 反应,观察现象,写出反应方程式。

② 选用一种介质,使 H_2O_2 将 Mn^{2+} 氧化成 MnO_2;选用另一种介质,使生成的 MnO_2 与 H_2O_2 反应产生 Mn^{2+}。观察现象并写出反应方程式。

通过上述实验归纳 H_2O_2 具有什么性质,以及反应的介质对其性质的影响。

注:① 为使实验现象明显,在 $KMnO_4$ 溶液中应先加介质再加 H_2O_2;

② 制得的 MnO_2 需离心分离,吸去上层清液,洗涤 1~2 次沉淀后再做后一个实验。

2. 硫化氢和硫化物

① 用 H_2S 水溶液分别与 $KMnO_4$(用 H_2SO_4 酸化)、$FeCl_3$ 反应。根据实验现象说明 H_2S 具有什么性质,写出反应方程式。

② 制取少量 ZnS、CdS、CuS,观察硫化物的颜色。

③ 用 2 mol/L HCl、6 mol/L HCl、6 mol/L HNO_3 试验 ZnS、CdS、CuS 的溶解性。

④ 列表总结以上三种硫化物的溶解性。

注:① 强还原剂 H_2S 与强氧化剂 $KMnO_4$ 反应时,H_2S 可以被氧化为 S 或 SO_4^{2-},这和 $KMnO_4$ 的用量及溶液的酸度有关。

② 试验硫化物的溶解性时,要将制得硫化物的沉淀离心分离,用去离子水洗涤沉淀 1~2 次后再进行实验。如溶解现象不明显可以微热。

3. H_2SO_3,$H_2S_2O_3$ 及其盐的性质

(1) H_2SO_3 的性质

① 在饱和 SO_2 水溶液中分别加入碘水、Zn 粉和 HCl 溶液,观察现象,写出反应方程式。

② 在少量品红溶液中,滴加饱和 SO_2 水溶液,观察品红是否褪色,然后将溶液加热,观察颜色的变化。

根据上述实验,总结 H_2SO_3(即 SO_2 饱和水溶液)的性质。

(2) $H_2S_2O_3$ 及其盐的性质

① 在少量 $Na_2S_2O_3$ 溶液中加入稀 HCl,静置片刻,观察现象,写出反应方程式。

② 在少量碘水中逐滴加入 $Na_2S_2O_3$ 溶液,观察碘水颜色的变化,写出反应方程式。

③ 在少量氯水中逐滴加入 $Na_2S_2O_3$ 溶液,观察现象并验证 $Na_2S_2O_3$ 的还原产物,写出反应方程式。

根据上述实验,说明 $H_2S_2O_3$ 及 $Na_2S_2O_3$ 的性质。

4．亚硝酸及其盐的性质

① 取少量 1 mol/L $NaNO_2$ 溶液和 1∶1 H_2SO_4 等体积混合，观察溶液的颜色和液面上气体的颜色，写出反应方程式。

② 在少量 0.01 mol/L $KMnO_4$ 溶液中，用 H_2SO_4 酸化，然后滴加 $NaNO_2$ 溶液，观察现象，写出反应方程式。

③ 在少量 $NaNO_2$ 溶液中，用 H_2SO_4 酸化，然后滴加 KI 溶液，观察现象，写出反应方程式。

根据上述实验，说明 HNO_2、$NaNO_2$ 的性质。

5．磷酸盐的性质

① 在 Na_3PO_4、Na_2HPO_4、NaH_2PO_4 溶液中分别加 $AgNO_3$ 溶液，观察沉淀的生成，分析溶液的pH值有何变化？并解释之。

② 制取少量 $Ca_3(PO_4)_2$、$CaHPO_4$、$Ca(H_2PO_4)_2$，观察这三种钙盐在水中的溶解性以及各加入氨水后有何变化？再加入盐酸又有何变化？解释现象。

6．离子的分离与鉴定

(1) S^{2-}，SO_3^{2-}，$S_2O_3^{2-}$，NH_4^+，NO_2^-，NO_3^-，PO_4^{3-} 的鉴定

① S^{2-}：在点滴板上滴入 1 滴 Na_2S，然后滴入 1 滴 1% $Na_2[Fe(CN)_5NO]$溶液，出现紫红色，表示有 S^{2-}。

② SO_3^{2-}：在点滴板上滴入 2 滴饱和 $ZnSO_4$ 溶液，然后加入 1 滴 $K_4[Fe(CN)_6]$ 和 1 滴 1% $Na_2[Fe(CN)_5NO]$，并用 $NH_3\cdot H_2O$ 使溶液呈中性，再滴加 1 滴 Na_2SO_3 溶液，出现红色沉淀，表示有 SO_3^{2-}。

③ $S_2O_3^{2-}$：在点滴板上滴入 1 滴 $Na_2S_2O_3$ 溶液，然后加入 2 滴 $AgNO_3$ 溶液生成沉淀，颜色变化为白→黄→棕→黑，表示有 $S_2O_3^{2-}$。

④ NH_4^+：a. 取两块干燥的表面皿，在一块表面皿内滴入少量 NH_4Cl 与 NaOH 溶液，在另一块表面皿上贴上湿的红色石蕊试纸和滴有奈斯勒试剂的滤纸条，然后把两块表面皿扣在一起做成气室。若红色石蕊试纸变蓝或滴有奈斯勒试剂的滤纸条变为红棕色，表示有 NH_4^+。b. 在点滴板上滴入 1 滴 NH_4Cl，然后加入 1 滴奈斯勒试剂，有红棕色沉淀生成，表示有 NH_4^+。

⑤ NO_2^-：取 5 滴 $NaNO_2$ 溶液，用 2 mol/L HAc 酸化，再加入少量 $FeSO_4\cdot 7H_2O$ 晶体，溶液呈棕色，表示有 NO_2^-。

⑥ NO_3^-：取 5 滴 $NaNO_3$ 溶液，加入少量 $FeSO_4\cdot 7H_2O$ 晶体，振荡溶解后，斜持试管，沿管壁慢慢滴入浓 H_2SO_4，由于浓 H_2SO_4 相对密度与水溶液相比较大，溶液分成两层。观察浓 H_2SO_4 和液面交界处有棕色环的生成，表示有 NO_3^-。

⑦ PO_4^{3-}：取 3 滴 Na_3PO_4 溶液，用 HNO_3 酸化，再加入 10 滴钼酸铵试剂，微热，有黄色沉淀生成，表示有 PO_4^{3-}。

(2) S^{2-} 的分离和鉴定

注：① S^{2-} 对 SO_3^{2-}、$S_2O_3^{2-}$ 的鉴定有干扰，必须除去。加入 $PbCO_3$ 固体，S^{2-} 即生成溶解度更小的 PbS 沉淀，SO_3^{2-}，$S_2O_3^{2-}$ 仍在溶液中，借此即可分离 S^{2-}。

② 加入 $PbCO_3$ 固体后，如白色 $PbCO_3$ 沉淀不再变黑（即 PbS 不再生成）时，表示 S^{2-} 已除尽。

数据记录与处理

请简述下述实验的实验现象：

① 向少量碘水中逐滴加入 $Na_2S_2O_3$ 溶液，观察碘水颜色的变化。

② 取少量 1 mol/L $NaNO_2$ 溶液和 1∶1 H_2SO_4 等体积混合，观察溶液的颜色和液面上气体的颜色。

③ 在少量 0.01 mol/L $KMnO_4$ 溶液中，用 H_2SO_4 酸化，然后滴加 $NaNO_2$ 溶液，观察现象。

④ 在 Na_3PO_4、Na_2HPO_4、NaH_2PO_4 溶液中分别加 $AgNO_3$ 溶液，观察沉淀的生成，分析溶液的 pH 值有何变化。

⑤ 制取少量 $Ca_3(PO_4)_2$、$CaHPO_4$、$Ca(H_2PO_4)_2$，观察这三种钙盐在水中的溶解性，各加入氨水后有何变化？再加入盐酸又有何变化？

思考题

1. 在选用酸作为氧化还原反应介质时，一般不用 HCl 或 HNO_3，为什么？什么情况下可选用 HCl 或 HNO_3？

2. 为什么亚硫酸盐中常含有硫酸盐？怎样检验亚硫酸盐中的 SO_4^{2-}？

3. 现有两瓶溶液：$NaNO_2$ 和 $NaNO_3$，试设计三种方案区别它们。

4. 解释下列现象：某学生将少量 $AgNO_3$ 溶液滴入 $Na_2S_2O_3$ 溶液中，出现白色沉淀，振荡后沉淀马上消失，溶液又呈无色透明。

5. 现有四瓶固体物质：Na_2S、Na_2SO_3、Na_2SO_4 和 $Na_2S_2O_3$，试设计方案将它们加以鉴别。

实验 9　碱金属和碱土金属

实验目的及意义

① 掌握比较碱金属、碱土金属活泼性的方法；
② 掌握比较碱土金属氢氧化物溶解度的方法；
③ 掌握碱金属和碱土金属的难溶盐的制备过程及其溶解度性质；

④ 了解 Na_2O_2 的化学性质；

⑤ 了解ⅠA、ⅡA族活泼金属的化学性质，可以有效避免在实验室中发生活泼金属遇水爆炸的事故。

实验原理

碱金属和碱土金属分别指周期系ⅠA、ⅡA族元素，皆为活泼金属元素，碱土金属的活泼性仅次于碱金属。

① 钠与水作用很剧烈，钾遇水会发生燃烧，甚至爆炸，因此在贮存这些金属时，通常将其放在煤油中。镁和水作用很慢，这是由于镁表面形成一层难溶于水的氢氧化镁，阻碍了金属镁与水的进一步作用。

② 碱金属的氢氧化物可溶于水，碱土金属的氢氧化物在水中溶解度不大，按从Be到Ba的顺序依次增强。其中$Be(OH)_2$、$Mg(OH)_2$为难溶氢氧化物，而$Ba(OH)_2$则易溶于水。这两族氢氧化物除$Be(OH)_2$表现出两性外，其余都为中强碱或强碱。

③ 碱金属盐类一般易溶于水，仅少数难溶，例如醋酸铀酰锌钠[$NaZn(UO_2)_2(CH_3COO)_9 \cdot 9H_2O$]、钴亚硝酸钠钾[$K_2Na[Co(NO_2)_6]$]等。而碱土金属盐类溶解度较碱金属小，除硝酸盐、氯化物外，其他如碳酸盐、草酸盐等都为难溶盐，钙、锶、钡的硫酸盐以及锶、钡的铬酸盐也是难溶的。

④ 金属钠易与空气中的氧作用生成浅黄色的Na_2O_2。Na_2O_2具有强氧化性，与水或稀酸作用会产生过氧化氢：

$$Na_2O_2 + 2H_2O = 2NaOH + H_2O_2$$
$$Na_2O_2 + H_2SO_4 = Na_2SO_4 + H_2O_2$$
$$2H_2O_2 = 2H_2O + O_2$$

⑤ 碱金属和钙、锶、钡的挥发性盐在高温火焰中可发出定波长的光，使火焰呈特征的颜色。例如，钠呈黄色，钾、铷、铯呈紫色，锂呈红色，钙呈砖红色，锶呈洋红色，钡呈黄绿色，利用焰色反应可鉴别这些离子的存在。一些离子的其他鉴定方法见表5-4。

表5-4 离子的其他鉴定方法

离 子	鉴定试剂	现象及产物
Mg^{2+}	镁试剂，NaOH	天蓝色沉淀
Na^+	HAc，醋酸铀酰锌	淡黄绿色沉淀($NaZn(UO_2)_2(CH_3COO)_9 \cdot 9H_2O$)
K^+	钴亚硝酸钠(饱和)	亮黄色沉淀($K_2Na[Co(NO_2)_6]$)
Ca^{2+}	$(NH_4)_2C_2O_4$(饱和)	白色沉淀(CaC_2O_4)
Ba^{2+}	K_2CrO_4	黄色沉淀($BaCrO_4$)

仪器和试剂

① 仪器：离心机。

② 试剂：

固体：钠，镁条，Na_2O_2。

酸：H_2SO_4(1 mol/L)，HCl(2 mol/L)，HAc(2 mol/L)。

碱：NaOH(2 mol/L，新配)，$NH_3 \cdot H_2O$(2 mol/L)。

盐：NaAc(0.1 mol/L)，KNO_3(0.1 mol/L)，$MgCl_2$(0.1 mol/L)，$CaCl_2$(0.1 mol/L)，$BaCl_2$(0.1 mol/L)，K_2CrO_4(0.1 mol/L)，Na_2CO_3(1 mol/L)，Na_2SO_4(1 mol/L)，$(NH_4)_2C_2O_4$(饱和)，$(NH_4)_2SO_4$(饱和)。

其他：酚酞，醋酸铀酰锌，钴亚硝酸钠。

实验内容

1. 碱金属、碱土金属活泼性比较

① 用镊子取一小块金属钠，用滤纸吸干表面煤油，放入盛水的烧杯中，观察现象并检验反应后溶液的酸碱性。写出反应方程式。

② 取一小段镁条，用砂纸擦去表面氧化物，放入盛有水的小烧杯中，观察现象。然后加热至沸腾，再观察现象，并检验反应后溶液的酸碱性。写出反应方程式。

通过上述实验现象比较ⅠA、ⅡA族元素的活泼性。

注：取金属钠时要用镊子夹取，切勿与皮肤接触。

2. 碱土金属氢氧化物溶解度的比较

① 取少量 $MgCl_2$、$CaCl_2$、$BaCl_2$ 溶液，分别加入 $NH_3 \cdot H_2O$，观察有无沉淀产生。

② 取少量 $MgCl_2$、$CaCl_2$、$BaCl_2$ 溶液，分别加入新配制的 2 mol/L NaOH 溶液，观察有无沉淀产生，并比较它们的沉淀量。

根据实验结果比较镁、钙、钡氢氧化物的溶解度的大小。

注：① 在试验 $Mg(OH)_2$、$Ca(OH)_2$、$Ba(OH)_2$ 的溶解度时所用的 NaOH 溶液必须是新配的(不含 CO_3^{2-})。因为放置已久的 NaOH 溶液会吸收空气中的 CO_2，生成 Na_2CO_3，含 Na_2CO_3 的 NaOH 溶液与 $MgCl_2$、$CaCl_2$、$BaCl_2$ 反应均会产生碳酸盐的沉淀，这会妨碍对镁、钙、钡氢氧化物的溶解度的大小做出正确的判断。

② 若以 $Ba(OH)_2$ 代替 NaOH，则效果更好。因为 $Ba(OH)_2$ 易溶于水，用 $Ba(OH)_2$ 来沉淀 Mg^{2+}、Ca^{2+} 能更好地比较它们溶解度的大小。

3. 碱金属和碱土金属的难溶盐

(1) 钠和钾难溶盐的生成

取少量 NaAc 和 KNO_3 溶液，前者用 HAc 酸化，再加 1 mL 醋酸铀酰锌，后者直接加入饱和钴亚硝酸钠，观察产物的颜色和状态，写出反应方程式。此反应常用于 Na^+、K^+ 的鉴定。

在中性或微酸性溶液中才能生成钾、钠难溶盐。由于这两种盐易形成过饱和溶液，所以在实验时还应用搅拌棒摩擦试管内壁。

(2) 碱土金属的难溶盐

① 取少量 $MgCl_2$、$CaCl_2$、$BaCl_2$ 溶液,分别加入几滴 Na_2SO_4 溶液,观察有无沉淀产生。若有沉淀产生,则取少量沉淀,加入饱和 $(NH_4)_2SO_4$ 溶液,观察沉淀是否溶解,若溶解,试写出反应方程式。

② 取少量 $MgCl_2$、$CaCl_2$、$BaCl_2$ 溶液,分别加入饱和 $(NH_4)_2C_2O_4$,观察有无沉淀产生。若有沉淀产生,则使沉淀分别与 2 mol/L HAc 溶液和 2 mol/L HCl 溶液反应,写出反应方程式,并比较三种草酸盐的溶解度。

③ 取少量 $CaCl_2$、$BaCl_2$ 溶液,分别加入 K_2CrO_4 溶液,观察现象,并试验产物与 2 mol/L HAc 溶液和 2 mol/L HCl 溶液的反应,比较两种铬酸盐的溶解度。

④ 在 $MgCl_2$ 溶液中先后加入少量和过量 Na_2CO_3 溶液,观察现象,写出反应方程式。另取 $CaCl_2$、$BaCl_2$ 溶液,分别加入 Na_2CO_3 溶液,观察现象,将实验所得沉淀与 2 mol/L HAc 溶液反应,观察沉淀是否溶解。

注:① $CaSO_4$ 在浓 $(NH_4)_2SO_4$ 溶液中能生成可溶性配合物 $(NH_4)_2[Ca(SO_4)_2]$ 而溶解。

② $MgCl_2$ 与少量 Na_2CO_3 作用首先生成 $Mg_2(OH)_2CO_3$ 的白色沉淀,加入过量 Na_2CO_3 后,由于生成 $[Mg(CO_3)_2]^{2-}$ 配离子而使沉淀溶解。

4. 过氧化钠的性质

将少量 Na_2O_2 固体置于试管中,加入少量去离子水,不断搅拌,用 pH 试纸检验溶液的酸碱性。将溶液加热,观察是否有气体产生,并检验该气体是什么。写出反应方程式。

根据实验现象说明 Na_2O_2 的性质。

数据记录与处理

请简述下述实验现象:

① 用镊子夹取一小块金属钠,用滤纸吸干表面煤油,放入盛水的烧杯中,观察现象并检验反应后溶液的酸碱性。

② 取一小段镁条,用砂纸擦去表面氧化物,放入盛有水的小烧杯中,观察现象。然后加热至沸腾,再观察现象。

③ 取少量 NaAc 和 KNO_3 溶液,前者用 HAc 酸化,再加 1 mL 醋酸铀酰锌,后者直接加入饱和钴亚硝酸钠,观察产物的颜色和状态。

④ 取少量 $CaCl_2$、$BaCl_2$ 溶液,分别加入 K_2CrO_4 溶液,观察现象。

⑤ 在 $MgCl_2$ 溶液中先后加入少量和过量的 Na_2CO_3 溶液,观察现象。另取 $CaCl_2$、$BaCl_2$ 溶液,分别加入 Na_2CO_3 溶液,观察现象,将实验所得沉淀与 2 mol/L HAc 反应,观察沉淀是否溶解。

思考题

1. 金属钠为什么要贮存在煤油中?

2. 向 $MgCl_2$ 溶液中加入 $NH_3·H_2O$ 时,生成 $Mg(OH)_2$,而 $Mg(OH)_2$ 沉淀又能溶于饱和的 NH_4Cl 溶液,为什么?

3. 为什么能够从能否溶于 HAc 或 HCl 溶液比较出 CaC_2O_4、BaC_2O_4 和 $CaCrO_4$、$BaCrO_4$ 溶解度的相对大小?

4. 能否从理论上说明碱土金属碳酸盐可以溶于 HAc 溶液。

5. 试设法通过化学方法鉴别 $MgSO_4$、$BaCl_2$、KCl、K_2SO_4、$MgCl_2$ 五种溶液。

6. 试设计一种分离 K^+、Mg^{2+}、Ba^{2+} 的方案。

实验10 锡、铅、锑和铋

实验目的及意义

① 掌握 $Sn(OH)_2$、$Pb(OH)_2$、$Sb(OH)_3$、$Bi(OH)_3$ 的制备方法并了解其酸碱性;

② 了解四种元素的硫化物、硫代酸盐、难溶盐的化学性质及水解性;

③ 掌握 Sn^{2+}、Pb^{2+}、Sb^{3+}、Bi^{3+} 四种离子的分离与鉴定方法;

④ 对锡、铅、锑、铋形成的氢氧化物、硫化物、硫代酸盐及难溶盐的化学性质进行探究,可以在生产与生活中对四种元素的相关离子进行简单的分离与鉴定,同时对了解ⅣA、ⅤA族中其他元素的性质具有借鉴意义。

实验原理

锡与铅、锑与铋分别是周期系ⅣA、ⅤA族元素。锡、铅形成氧化值为+2、+4的化合物,锑、铋形成氧化值为+3、+5的化合物。

① 锡盐、铅盐及氧化值为+3的锑盐和铋盐具有较强的水解作用,例如:

$$SnCl_2 + H_2O \Longrightarrow Sn(OH)Cl \downarrow (白) + HCl$$

$$BiCl_3 + 2H_2O \Longrightarrow Bi(OH)_2Cl + 2HCl$$

$$BiCl_3 + H_2O \Longrightarrow BiOCl_3(白) + 2HCl$$

因此配制相应的盐溶液时必须溶解在相应的酸溶液中以抑制其水解。

② 除 $Bi(OH)_3$ 外,$Sn(OH)_2$、$Pb(OH)_2$、$Sb(OH)_3$ 具有两性,既溶于酸又溶于碱。溶于碱的反应是

$$Sn(OH)_2 + 2OH^- \Longrightarrow [Sn(OH)_4]^{2-}$$

$$Pb(OH)_2 + OH^- \Longrightarrow [Pb(OH)_3]^-$$

$$Sb(OH)_3 + 3OH^- \Longrightarrow [Sb(OH)_6]^{3-}$$

③ 锡、铅、锑、铋的硫化物都有颜色,它们都不溶于水和非氧化性稀酸,能溶于浓 HCl 和稀 HNO_3 中,例如:

$$PbS + 4HCl(浓) = H_2[PbCl_4] + H_2S$$
$$3PbS + 8HNO_3 = 3Pb(NO_3)_2 + 2NO\uparrow + 3S\downarrow + 4H_2O$$

硫化物的酸碱性与相应的氧化物相似,凡两性或两性偏酸性的硫化物均可溶于碱金属硫化物 Na_2S 或 $(NH_4)_2S$ 并生成相应的硫代酸盐：
$$Sb_2S_3 + 3Na_2S = 2Na_3SbS_3$$
$$SnS_2 + Na_2S = Na_2SnS_3$$

SnS 能溶于多硫化钠溶液中是由于 S_2^{2-} 具有氧化作用,可把 SnS 氧化成 SnS_2 而溶解：
$$SnS + Na_2S_2 = Na_2SnS_3$$

所有硫代酸盐只能存在于中性或碱性介质中,遇酸会生成不稳定的硫代酸,继而分解为相应的硫化物和硫化氢。例如：
$$2Na_3SbS_3 + 6HCl = Sb_2S_3\downarrow + 6NaCl + 3H_2S$$

④ 锡(Ⅱ)是一种较强的还原剂,易被空气中的氧气所氧化,配制相应溶液时应加入锡粒以防止氧化。在碱性介质中亚锡酸根能与铋(Ⅲ)进行反应：
$$3[Sn(OH)_4]^{2-} + 2Bi(OH)_3 = 3[Sn(OH)_6]^{2-} + 2Bi\downarrow(黑)$$

在酸性介质中 $SnCl_2$ 能与 $HgCl_2$ 进行反应：
$$SnCl_2 + 2HgCl_2 = SnCl_4 + Hg_2Cl_2\downarrow(白)$$
$$SnCl_2 + Hg_2Cl_2 = SnCl_4 + 2Hg\downarrow(黑)$$

但 Bi(Ⅲ)要在强碱性条件下选用强氧化剂(如 Na_2O_2,Cl_2 等)才能被氧化：
$$Bi_2O_3 + 2Na_2O_2 = 2NaBiO_3 + Na_2O$$
$$Bi(OH)_3 + Cl_2 + 3NaOH = NaBiO_3 + 2NaCl + 3H_2O$$

Pb(Ⅳ)和 Bi(Ⅴ)是较强的氧化剂,在酸性介质中能与 Mn^{2+}、Cl^- 等弱还原剂发生反应：
$$5PbO_2 + 2Mn^{2+} + 5SO_4^{2-} + 4H^+ = 5PbSO_4 + 2MnO_4^- + 2H_2O$$
$$5NaBiO_3 + 2Mn^{2+} + 14H^+ = 2MnO_4^- + 5Bi^{3+} + 5Na^+ + 7H_2O$$

⑤ 铅盐中除 $Pb(NO_3)_2$ 和 $Pb(Ac)_2$ 易溶外,一般均难溶于水,并具有特征的颜色。$PbCl_2$(白色)溶于热水、NH_4Ac、浓 HCl；$PbSO_4$(白色)溶于浓 H_2SO_4、饱和 NH_4Ac；$PbCrO_4$(黄色)溶于稀 HNO_3、浓 HCl、浓 NaOH；PbI(黄色)溶于浓 KI；$PbCO_3$(白色)溶于稀酸。
$$2PbSO_4 + 2NH_4Ac = [PbAc]_2SO_4 + (NH_4)_2SO_4$$
$$2PbCrO_4 + 2HNO_3 = PbCr_2O_7 + Pb(NO_3)_2 + H_2O$$
$$PbCrO_4 + 4NaOH = Na_2PbO_2 + Na_2CrO_4 + 2H_2O$$
$$PbI_2 + 2KI = K_2[PbI_4]$$

⑥ 一些常见离子的鉴定方法如表 5-5 所列。

表 5-5 常见离子的鉴定方法(2)

离　子	鉴定试剂	现象及产物
Sn^{2+}	$HgCl_2$	黑色沉淀(Hg)
	$BiCl_3$,NaOH	黑色沉淀(Bi,立即析出)
Pb^{2+}	K_2CrO_4	黄色沉淀($PbCrO_4$)
Sb^{3+}	Sn	黑色沉淀(Sb)
Bi^{3+}	$SnCl_2$,NaOH	黑色沉淀(Bi)

仪器和试剂

① 仪器:离心机,点滴板。

② 试剂:

固体:Bi_2O_3,Na_2O_2,PbO_2,Sn。

酸:HCl(2 mol/L,6 mol/L,浓),H_2SO_4(1 mol/L),HNO_3(2 mol/L,6 mol/L)。

碱:NaOH(2 mol/L,6 mol/L),$NH_3 \cdot H_2O$(2 mol/L,6 mol/L)。

盐:$SnCl_2$,$SnCl_4$,$Pb(NO_3)_2$,$SbCl_3$,$BiCl_3$,$HgCl_2$,$MnSO_4$,$K_2Cr_2O_7$,K_2CrO_4(以上溶液均为 0.1 mol/L),Na_2S(0.1 mol/L,0.5 mol/L),NH_4Ac(饱和),KI(0.1 mol/L,2 mol/L)。

其他:淀粉溶液。

实验内容

1. 氢氧化物酸碱性

① 制取少量 $Sn(OH)_2$、$Pb(OH)_2$、$Sb(OH)_3$、$Bi(OH)_3$,观察其颜色及其在水中的溶解性。

② 选择合适的试剂,分别检验其酸碱性。

③ 将上述实验所观察到的现象及反应产物填入表 5-6 中,并对其酸碱性做出判断。

表 5-6 实验所观察到的现象(1)

实验项目		Sn^{2+}	Pb^{2+}	Sb^{3+}	Bi^{3+}
M^{n+} + NaOH		$Sn(OH)_2\downarrow$(白色)			
$M(OH)_n$	+NaOH	溶解,$Na_2[Sn(OH)_4]$			
	+酸	溶解,$SnCl_2$			
结　论		两性			

注:① 在氢氧化物制备中,NaOH 必须逐滴加入,并不断振荡试管。

② 试验氢氧化物酸碱性时,制得的沉淀量要尽量少,否则易得出错误结论。

③ $Bi(OH)_3$ 为白色沉淀,容易脱水生成 BiO(OH) 而使沉淀转变为黄色。

第5章 常见元素及其化合物的性质

2. 氧化还原性

① 选择合适的试剂,设计两个反应实验验证Sn(Ⅱ)的还原性,观察现象,写出反应方程式。

② 选择合适的试剂,设计两个反应实验验证PbO_2的氧化性,观察现象,写出反应方程式。

③ 试以Bi_2O_3和Na_2O_2为原料加强热制得$NaBiO_3$,并用少量Mn^{2+}验证$NaBiO_3$在酸性介质中具有强氧化性。

注:① 在设计实验中,要求实验现象尽可能明显,如有气体的产生、沉淀的形成、溶液颜色的变化等,而且选择的试剂应能反映验证物质的特性。

② 如果选用$HgCl_2$与$SnCl_2$反应来验证$SnCl_2$的还原性,则$SnCl_2$用量的多少对反应产物及现象有影响。如果现象不明显,可放置一段时间。

③ Bi_2O_3和Na_2O_2固体放入干燥的试管后要混合均匀,制得的$NaBiO_3$应用去离子水洗涤2~3次。

④ 如果选用Mn^{2+}验证PbO_2、$NaBiO_3$的强氧化性,应避免用HCl酸化,且Mn^{2+}的用量宜少(1~2滴),如果现象不明显,可在增加酸度、加热、离心沉降后,观察上层清液中溶液的颜色。

3. 硫化物和硫代酸盐的生成和性质

① 分别制取少量Sb_2S_3、Bi_2S_3、SnS、SnS_2、PbS沉淀,观察其颜色。离心分离后,实验各硫化物在稀HCl、浓HCl、稀HNO_3、Na_2S溶液中的溶解情况,若溶解,试写出反应产物。

② 将上述实验观察到的现象及反应产物填入表5-7中,并比较Sb_2S_3与Bi_2S_3、SnS与SnS_2酸碱性的相对强弱。

表5-7 实验所观察到的现象(2)

实验项目/现象与产物/硫化物		Sb_2S_3	Bi_2S_3	SnS	SnS_2	PbS
	颜 色					
硫化物	+2 mol/L HCl					
	+浓硫酸					
	+2 mol/L HNO_3					
	+0.5 mol/L Na_2S					
硫代酸盐+HCl						

注:① 验证硫化物溶解性时,制得硫化物的量要尽量少,且要加热放置或陈化一段时间。

② 验证硫化物在浓HCl、稀HNO_3和Na_2S中的溶解性时,应离心分离,吸去上层清液,否则会导致现象不明显。

③ Na_2S溶液放置一段时间后,会发生一系列化学变化:首先会出现硫沉淀,继续放置会

生成二硫化钠乃至六硫化钠,这对检验 SnS 的溶解性有影响,因此,应采用新鲜配制的 Na_2S 溶液。

4. 铅难溶盐的生成和性质

制取少量 $PbCl_2$、$PbSO_4$、PbI_2、$PbCrO_4$,观察颜色。离心分离后,沉淀按表 5-8 进行溶解性实验,然后将实验结果填入表 5-8 中。

表 5-8 实验所观察到的现象(3)

难溶盐	颜 色	溶解性	反应方程式
$PbCl_2$		热 水	
		HCl(浓)	
$PbCrO_4$		HNO_3(6 mol/L)	
		NaOH(6 mol/L)	
$PbSO_4$		NH_4Ac(饱和)	
PbI_2		KI(2 mol/L)	

注:① 在进行溶解性实验时,应注意沉淀及溶解试剂的相对量和浓度,制得沉淀的量要尽量少,加入溶解试剂时要搅拌或振荡试管。

② $Cr_2O_7^{2-}$ 在溶液中存在着下列平衡:

$$Cr_2O_7^{2-} + H_2O \rightleftharpoons 2CrO_4^{2-} + 2H^+ \text{(可逆反应)}$$

因此在 Pb^{2+} 盐溶液中加入 $K_2Cr_2O_7$ 溶液也能制取 $PbCrO_4$ 沉淀(重铬酸盐溶解度一般比铬酸盐大)。

5. 盐类的水解性

设计一个实验,验证 Sn^{2+}、Bi^{3+} 易水解的特性及酸度对水解平衡移动的影响。写出有关反应方程式。

6. 离子的分离和鉴定

① Sn^{2+} 的鉴定:取 1~2 滴 Sn^{2+} 溶液,加 1~2 滴 0.1 mol/L $HgCl_2$ 溶液,生成白色沉淀并逐渐变成灰黑沉淀,表示有 Sn^{2+}。

② Pb^{2+} 的鉴定:取 1~2 滴 Pb^{2+} 溶液,加 2 滴 0.1 mol/L K_2CrO_4 溶液,若有黄色沉淀生成并能溶于 6 mol/L NaOH 溶液,表示有 Pb^{2+}。

③ Sb^{3+} 的鉴定:在小片光亮的锡片或锡箔上滴 1 滴 $SnCl_3$ 溶液,锡片上出现黑色,表示有 Sb^{3+}。

④ Bi^{3+} 的鉴定:取 1~2 滴 Bi^{3+} 溶液,加入自制的 $Sn(OH)_4^{2-}$ 溶液,有黑色沉淀生成,表示有 Bi^{3+}。

⑤ 设计两种方法分离 Sb^{3+} 与 Bi^{3+}。

⑥ 未知盐溶液的分析:未知液中阳离子可能含有 Sn^{2+}、Pb^{2+}、Sb^{3+}、Bi^{3+};阴离子可能含有 Cl^-、NO_3^-、Ac^-。试通过分析确定盐的组成。

数据记录与处理

请简述下述实验现象：

① 制取少量 $Sn(OH)_2$、$Pb(OH)_2$、$Sb(OH)_3$、$Bi(OH)_3$，观察其颜色；

② 制取少量 Sb_2S_3、Bi_2S_3、SnS、SnS_2、PbS 沉淀，观察其颜色；

③ 制取少量 $PbCl_2$、$PbSO_4$、PbI_2、$PbCrO_4$，观察其颜色。

思考题

1. 实验室配制 $SnCl_2$ 溶液时，为什么既要加 HCl，又要加锡粒？
2. PbS 能否被 H_2O_2 氧化为 $PbSO_4$？如能进行，写出反应方程式，并说明这一反应有何实际意义。
3. 如何分离混合溶液中的 Sn^{2+} 和 Pb^{2+}？
4. 选用最简便的方法鉴别下列各组物质：$BaSO_4$ 和 $PbSO_4$，$Bi(NO_3)_3$ 和 $Pb(NO_3)_2$，$SnCl_2$ 和 $SnCl_4$。

实验 11 铬和锰

实验目的及意义

① 掌握 Cr^{3+}、Mn^{2+} 氢氧化物的制备和性质；

② 了解铬、锰重要化合物的性质；

③ 掌握 Cr^{3+}、Mn^{2+} 离子的分离和鉴定方法；

④ 对铬和锰形成的氢氧化物与一些重要化合物的化学性质进行探究，可以在生产与生活中对两种元素的相关离子进行简单的分离与鉴定，同时了解ⅥB、ⅦB族中其他元素的性质具有借鉴意义。

实验原理

铬和锰分别为周期系ⅥB、ⅦB族元素。铬的化合物中，铬的氧化值有+2、+3 和+6，其中以+3、+6 最为常见，Cr(Ⅵ)以 CrO_4^{2-}，$Cr_2O_7^{2-}$ 的形式存在。锰的化合物中，锰的氧化值分别为+2、+3、+4、+5、+6 和+7，其中以+2、+4、+6 和+7 最为常见，氧化值为+3、+5 的化合物极不稳定。

1. 铬的重要化合物

Cr(Ⅲ)的氢氧化物 $Cr(OH)_3$（灰蓝色）是两性氢氧化物，能与过量 NaOH 反应生成亮绿色的 $NaCrO_2$：

$$Cr(OH)_3 + NaOH = NaCrO_2 + 2H_2O$$

在碱性介质中，CrO_2^- 有较强的还原性，易被中强氧化剂（如 H_2O_2、氯水等）氧化为 CrO_4^{2-}：

$$2CrO_2^- + 3H_2O_2 + 2OH^- = 2CrO_4^{2-} + 4H_2O$$

而 Cr^{3+} 则表现出较大的氧化还原稳定性，只有强氧化剂（如 $KMnO_4$、$(NH_4)_2S_2O_8$ 等）才能将其氧化为 $Cr_2O_7^{2-}$：

$$2Cr^{3+} + 3S_2O_8^{2-} + 7H_2O \xrightarrow[Ag^+]{\Delta} Cr_2O_7^{2-} + 6SO_4^{2-} + 14H^+$$

铬酸盐和重铬酸盐可以相互转化，在水溶液中存在着下列平衡：

$$2CrO_4^{2-}（黄色）+ 2H^+ \rightleftharpoons Cr_2O_7^{2-}（橙色）+ H_2O$$

加酸、加碱可使上述平衡发生移动。此外，若向溶液中加入 Ba^{2+}、Pb^{2+} 或 Ag^+，由于重铬酸盐较铬酸盐溶解度大，因而也能使上述平衡发生移动：

$$2Ba^{2+} + Cr_2O_7^{2-} + H_2O = 2BaCrO_4\downarrow + 2H^+$$

$Cr_2O_7^{2-}$ 在酸性介质中具有很强的氧化性，易被还原为 Cr^{3+}。例如：

$$Cr_2O_7^{2-} + 3SO_3^{2-} + 8H^+ = 2Cr^{3+} + 3SO_4^{2-} + 4H_2O$$

在酸性介质中，$Cr_2O_7^{2-}$ 还能与 H_2O_2 反应，生成 $CrO(O_2)_2$（蓝色）：

$$Cr_2O_7^{2-} + 4H_2O_2 + 2H^+ = 2CrO(O_2)_2 + 5H_2O$$

$CrO(O_2)_2$ 在有机溶剂乙醚中较稳定，该反应常用来鉴定 $Cr_2O_7^{2-}$ 或 Cr^{3+}。

2. 锰的重要化合物

Mn(Ⅱ)的氢氧化物 $Mn(OH)_2$（白色）是中强碱，具有还原性，易被空气中的 O_2 氧化生成棕色的 $MnO(OH)_2$：

$$2Mn(OH)_2 + O_2 = 2MnO(OH)_2$$

$MnO(OH)_2$ 可看成是 $MnO_2 \cdot xH_2O$ 的水合物。

但在酸性介质中，Mn^{2+} 很稳定，必须用强氧化剂（如 PbO_2、$NaBiO_3$ 等）才能将其氧化为 MnO_4^-：

$$2Mn^{2+} + 5NaBiO_3 + 14H^+ = 2MnO_4^- + 5Na^+ + 5Bi^{3+} + 7H_2O$$

在中性或弱酸性溶液中，Mn^{2+} 和 MnO_4^- 反应生成棕色的 MnO_2 沉淀：

$$3Mn^{2+} + 2MnO_4^- + 2H_2O = 5MnO_2\downarrow + 4H^+$$

在强碱性溶液中，MnO_4^- 和 MnO_2 生成绿色的 MnO_4^{2-}：

$$2MnO_4^- + MnO_2 + 4OH^- \xrightarrow{\Delta} 3MnO_4^{2-} + 2H_2O$$

MnO_4^{2-} 在强碱性溶液中能稳定存在，但在中性或酸性溶液中不稳定，易发生歧化反应，生成紫色的 MnO_4^- 和棕色的 MnO_2，使上述平衡向左移动。

$KMnO_4$ 是常用的强氧化剂，其还原产物随介质的不同而不同：在酸性介质中被还原为 Mn^{2+}；在中性介质中被还原为 MnO_2；而在碱性介质中与少量还原剂作用时，则被还原为 MnO_4^{2-}。

3. 常见离子的鉴定方法

表5-9所列为铬和锰的常见离子的鉴定方法。

表5-9 常见离子的鉴定方法(3)

离　子	鉴定试剂	现象及产物
Cr^{3+}	$NaOH$,H_2O_2,HNO_3,乙醚	乙醚层中呈深蓝色($CrO(O_2)_2$)
Mn^{2+}	HNO_3,$NaBiO_3$(s)	紫红色(MnO_4^-)

仪器和试剂

① 仪器:离心机。

② 试剂:

固体:MnO_2,$NaBiO_3$。

酸:HCl(2 mol/L,6 mol/L,浓),H_2SO_4(1 mol/L,3 mol/L),HNO_3(6 mol/L)。

碱:$NaOH$(2 mol/L,6 mol/L,40%)。

盐:$CrCl_3$(0.1 mol/L),$K_2Cr_2O_7$(0.1 mol/L),Na_2SO_3(0.1 mol/L),$MnSO_4$(0.1 mol/L),$KMnO_4$(0.01 mol/L)。

其他:H_2O_2(3%),乙醚。

实验内容

1. Cr^{3+}、Mn^{2+} 氢氧化物的制备和性质

制取铬和锰的氢氧化物,并试验它们的酸碱性及其在空气中的稳定性。将观察到的现象及反应产物填入表5-10中,并做出结论。

表5-10 实验记录表(1)

实验项目		Cr^{3+}	Mn^{2+}
$M^{n+}+OH^-$			
$M(OH)_n$	$+H^+$		
	$+OH^-$		
酸碱性			
$M(OH)_2+O_2$ 空气中的稳定性			

注:在制取易被空气氧化的氢氧化物时,应先分别将盐溶液和$NaOH$溶液煮沸,赶尽其中的氧气。操作应迅速,待观察到低价态氢氧化物颜色后,再加酸、碱或进行摇动。

2. 铬、锰重要化合物的性质

① 选择适当的试剂实现下列转化:

$$Cr^{3+} \longleftarrow Cr_2O_7^{2-}$$
$$\updownarrow \qquad \updownarrow$$
$$CrO_2^- \longrightarrow CrO_4^{2-}$$

观察现象,写出反应方程式。

② Mn(Ⅵ)盐的生成和性质:在 1 mL 0.01 mol/L KMnO₄ 溶液中,加入 0.5 mL 40% NaOH 溶液,然后加入少量 MnO₂ 固体,微热。观察溶液颜色的变化,离心分离,上层清液即显 MnO_4^{2-} 离子特征的绿色。写出反应方程式。

取上层绿色清液加 H_2SO_4 酸化,观察现象,写出反应方程式,并对 MnO_4^{2-} 稳定性做出结论。

③ Mn(Ⅶ)盐的还原产物与介质的关系:选用 Na_2SO_3 为还原剂,设计一个实验,验证 MnO_4^- 还原产物与介质的关系,观察现象,写出反应方程式。

注:① 试验 Cr^{3+} 在碱性介质中的还原性时,如果选用 H_2O_2 为还原剂,有时溶液会出现褐红色,这是因为生成了过铬酸钠:

$$2Na_2CrO_4 + 2NaOH + 7H_2O_2 = 2Na_3CrO_8 + 8H_2O$$

过铬酸钠不稳定,加热易分解,溶液由褐红色转为黄色:

$$4Na_3CrO_8 + 2H_2O = 4NaOH + 7O_2 + 4Na_2CrO_4$$

因此,为了得到明显的实验现象,必须严格控制 H_2O_2 的用量并加热。

② $KMnO_4$ 的还原产物与介质有关,所以在验证 $KMnO_4$ 还原产物与介质的关系时,必须先加介质,后加还原剂。

② K_2MnO_4 存在于强碱性溶液中,加酸酸化,即发生歧化。由于实验制得的 K_2MnO_4 溶液碱性较强,所以酸化选用的酸浓度应稍大些;否则,溶液浓度稀释,导致现象不明显。

3. 离子的分离和鉴定

① Cr^{3+} 的鉴定:取 1~2 滴含 Cr^{3+} 的溶液,加入 6 mol/L NaOH 溶液,使 Cr^{3+} 转化为 CrO_2^- 后,再加入 2 滴过量的 NaOH 溶液,然后加入 3 滴 3% H_2O_2 溶液,微热至溶液呈浅黄色。待试管冷却后,加入 0.5 mL 乙醚,然后慢慢滴入 6 mol/L HNO_3 溶液酸化,振荡,在乙醚层出现深蓝色,表示有 Cr^{3+} 存在。

② Mn^{2+} 的鉴定:取 1~2 滴含 Mn^{2+} 的溶液,加入数滴 6 mol/L HNO_3 溶液,然后加入少量 $NaBiO_3$ 固体,振荡,离心沉降,上层清液呈紫色,表示有 Mn^{2+} 存在。

③ 设计方案分离 Cr^{3+}、Mn^{2+} 和 Pb^{2+}。

数据记录与处理

请简述下述实验现象:

在 1 mL 0.01 mol/L $KMnO_4$ 溶液中,加入 0.5 mL 40% NaOH 溶液,然后加入少量 MnO_2 固体,观察溶液颜色的变化。

思考题

1. 为什么 $CrCl_3$ 溶液中 Cr^{3+} 离子在水溶液中可呈蓝紫色、蓝绿色或绿色等不同的颜色?

2. 试找出下列实验失败的原因:

$$Cr^{3+} \xrightarrow{NaOH+H_2O_2} CrO_4^{2-} \xrightarrow{H_2SO_4 \text{ 酸化}} Cr_2O_7^{2-}$$

在上述实验中,某学生最后得到的却是蓝绿色溶液。

3. 如何从软锰矿($MnO_2 \cdot xH_2O$)中制取 K_2MnO_4 和 $KMnO_4$?

4. 取少量晶体溶于水,溶液呈蓝紫色:

(1) 在此溶液中滴加 NaOH 溶液,先生成沉淀后溶解,再往溶液中滴加 3% H_2O_2 溶液,加热得黄色溶液,在黄色溶液中加浓 HCl,加热,得绿色溶液并有气体产生,此气体能使 KI-淀粉试纸变蓝;

(2) 取浅紫色原溶液,加少许 $FeSO_4 \cdot 7H_2O$ 晶体,沿试管壁滴加浓 H_2SO_4,液层中出现深棕色。

通过以上各步实验,确定此晶体的分子式,并写出实验各步的反应方程式。

实验 12 铁、钴和镍

实验目的及意义

① 掌握铁、钴、镍的氢氧化物的制备方法及其酸碱性质;

② 了解 Fe(Ⅱ)、Fe(Ⅲ)盐的性质与铁、钴、镍的配合物的性质;

③ 掌握 Fe^{2+}、Fe^{3+}、Co^{2+}、Ni^{2+} 离子的鉴定方法,以及 Fe^{3+} 和 Co^{2+}、Fe^{3+} 和 Ni^{2+} 两对离子的分离与鉴定方法;

④ 对铁、钴、镍形成的氢氧化物,Fe(Ⅱ)、Fe(Ⅲ)盐与铁、钴、镍的配合物的化学性质探究,可以在生产与生活中对三种元素的相关离子进行简单的分离与鉴定,同时对了解ⅧB族中的其他元素的性质具有借鉴意义。

实验原理

铁系元素铁、钴、镍是周期系ⅧB族元素,它们的化学性质很相似,在化合物中常见的氧化值为+2、+3。铁、钴、镍的简单离子在水溶液中都呈现一定的颜色。

1. Fe(Ⅱ)、Co(Ⅱ)、Ni(Ⅱ)的氢氧化物

Fe(Ⅱ)、Co(Ⅱ)、Ni(Ⅱ)的氢氧化物都呈碱性,具有不同的颜色,空气中氧对它们的作用情况各不相同:$Fe(OH)_2$ 很快被空气中的氧氧化成红棕色 $Fe(OH)_3$,但在氧化过程中可以生成绿色(几乎黑色)的各种中间产物;而 $Co(OH)_2$ 缓慢地被氧化成褐色 $Co(OH)_3$;

Ni(OH)$_2$ 与氧则不发生作用。若用溴水、H$_2$O$_2$ 等中强氧化剂则可将 Co(OH)$_2$、Ni(OH)$_2$ 氧化成 Co(OH)$_3$、Ni(OH)$_3$：

$$2Co(OH)_2 + Br_2 + 2NaOH = 2Co(OH)_3 + 2NaBr$$

$$2Ni(OH)_2 + Br_2 + 2NaOH = 2Ni(OH)_3 + 2NaBr$$

Fe(Ⅲ)、Co(Ⅲ)、Ni(Ⅲ)的氢氧化物中除 Fe(OH)$_3$ 外，Co(OH)$_3$、Ni(OH)$_3$ 和浓 HCl 作用都能产生氯气：

$$2Co(OH)_3 + 6HCl(浓) = 2CoCl_2 + Cl_2\uparrow + 6H_2O$$

$$2Ni(OH)_3 + 6HCl(浓) = 2NiCl_2 + Cl_2\uparrow + 6H_2O$$

由此可以得出铁、钴、镍的 M(OH)$_2$（表示金属氢氧化物，后文同）还原性及 M(OH)$_3$ 氧化性的递变规律。

2. Fe(Ⅱ,Ⅲ)盐的水溶液易水解

Fe(Ⅱ)具有还原性，在酸性或碱性介质中都可被空气中的氧所氧化。Fe(Ⅲ)为中强氧化剂，而 Co(Ⅲ)、Ni(Ⅲ)均具有强的氧化性，在水溶液中不能稳定存在，易被还原为 Co(Ⅱ)、Ni(Ⅱ)。所以 Co(OH)$_3$、Ni(OH)$_3$ 与酸作用得不到相应的 Co(Ⅲ)、Ni(Ⅲ)盐。

铁、钴、镍都能生成不溶于水而易溶于稀酸的硫化物，自溶液中析出的 CoS、NiS 经放置后，会由于结构改变而成为不再溶于稀酸的难溶物质。

3. 铁、钴、镍均能形成多种配合物

铁、钴、镍均能形成多种配合物，常见的有氨配合物。由于 Fe^{2+}、Fe^{3+} 极易水解，尤其是 Fe^{3+}，所以在其水溶液中加入 NH$_3$·H$_2$O 时，不能形成氨配合物，而是分别生成 Fe(OH)$_2$ 与 Fe(OH)$_3$ 沉淀。

在 Co^{2+} 溶液中加入 NH$_3$·H$_2$O，首先生成蓝色碱式盐 Co(OH)Cl 沉淀，此沉淀溶于铵盐，也溶于过量 NH$_3$·H$_2$O；其次，生成黄色[Co(NH$_3$)$_6$]$^{2+}$ 氨配合物，在空气中不稳定，易被氧化为[Co(NH$_3$)$_6$]$^{3+}$ 而使溶液呈橙黄色：

$$4[Co(NH_3)_6]^{2+} + O_2 + 2H_2O = 4[Co(NH_3)_6]^{3+} + 4OH^-$$

Ni^{2+} 与 NH$_3$·H$_2$O 的作用与 Co^{2+} 相似，但生成的[Ni(NH$_3$)$_6$]$^{2+}$ 是稳定的，不会被空气中的氧所氧化。

铁、钴、镍的一些其他配合物，不仅稳定，而且具有特征的颜色。如 Fe^{3+} 与黄血盐(K$_4$[Fe(CN)$_6$])溶液反应，Fe^{2+} 与赤血盐(K$_3$[Fe(CN)$_6$])溶液反应分别生成蓝色配合物 K[Fe^{Ⅱ}(CN)$_6$Fe^{Ⅲ}]及 K[Fe^{Ⅲ}(CN)$_6$Fe^{Ⅱ}]沉淀。Co^{2+} 与 SCN$^-$ 生成蓝色配合物[Co(SCN)$_4$]$^{2-}$，在水溶液中不稳定，但能较稳定地存在于有机溶剂丙酮中。Ni^{2+} 溶液与二乙酰二肟在氨性溶液中作用，生成鲜红色螯合物沉淀。

可以利用形成配合物的特征颜色来鉴定 Fe^{3+}、Fe^{2+}、Co^{2+}、Ni^{2+}。

4. 常见离子的鉴定方法

常见离子的鉴定方法如表 5-11 所列。

第5章　常见元素及其化合物的性质

表 5-11　常见离子的鉴定方法(4)

离　子	鉴定试剂	现象及产物
Fe^{2+}	$K_3[Fe(CN)_6]$	蓝色沉淀($K[Fe^{III}(CN)_6Fe^{II}]$)
Fe^{3+}	$K_4[Fe(CN)_6]$	蓝色沉淀($K[Fe^{II}(CN)_6Fe^{III}]$)
	KSCN	血红色($[Fe(SNC)_n]_{3-n}$, $n=1\sim6$)
Co^{2+}	KSCN(饱和),丙酮	丙酮中呈蓝色($[Co(SCN)_4]^{2-}$)
Ni^{2+}	二乙酰二肟,$NH_3\cdot H_2O$	鲜红色沉淀(螯合物)

仪器和试剂

① 仪器:离心机,点滴板。

② 试剂:

固体:$FeSO_4\cdot7H_2O$。

酸:HCl(2 mol/L,浓),H_2SO_4(1 mol/L,3 mol/L)。

碱:NaOH(2 mol/L),$NH_3\cdot H_2O$(2 mol/L,6 mol/L)。

盐:$K_4[Fe(CN)_6]$(0.1 mol/L),$K_3[Fe(CN)_6]$(0.1 mol/L),$FeCl_3$(0.1 mol/L),KI(0.1 mol/L),NaF 溶液(0.1 mol/L),$CoCl_2$(0.1 mol/L,0.5 mol/L),$NiSO_4$(0.1 mol/L,0.5 mol/L),NH_4Cl(1 mol/L),KSCN(0.1 mol/L,饱和)。

其他:溴水,淀粉溶液,二乙酰二肟,丙酮。

实验内容

1. 氢氧化物的性质

制取氢氧化物,观察其颜色,并验证它们的酸碱性以及氧化还原性,将观察到的现象及反应产物填入表 5-12 中,并做出结论。

表 5-12　实验记录表(2)

(1) 铁、钴、镍的 $M(OH)_n$ 的酸碱性			
实验项目	Fe^{2+}	Co^{2+}	Ni^{2+}
$M^{n+}+OH^-$			
$M(OH)_n$ ＋H^+			
＋OH^-			
酸碱性			
(2) 铁、钴、镍的 $M(OH)_2$ 在空气中的稳定性			
实验项目	Fe^{2+}	Co^{2+}	Ni^{2+}
$M^{2+}+OH^-$			
$M(OH)_2+O_2$			
在空气中的稳定性			

续表 5-12

(3) 铁、钴、镍的 $M(OH)_3$ 的氧化性				
实验项目		$Fe(OH)_3$	$Co(OH)_3$	$Ni(OH)_3$
$M(OH)_3$	制备	$Fe^{3+}+OH^-$	$Co(OH)_2+Br_2$	$Ni(OH)_2+Br_2$
	颜色			
	+浓 HCl			

通过实验内容(2)、(3),比较 $Fe(OH)_2$、$Co(OH)_2$、$Ni(OH)_2$ 的还原性,以及 $Fe(OH)_3$、$Co(OH)_3$、$Ni(OH)_3$ 氧化性的递变规律。

注:① 实验室提供 $FeSO_4·7H_2O$ 固体。配制 $FeSO_4$ 溶液时,必须将去离子水先酸化并煮沸片刻。

② 在 $CoCl_2$ 溶液中逐滴加入 NaOH 时,可能会生成蓝色 $Co(OH)Cl$ 沉淀,加入过量 NaOH 时可得到粉红色 $Co(OH)_2$ 沉淀。

③ 用氧化剂 Br_2 氧化制得 $Co(OH)_3$、$Ni(OH)_3$ 后,应加热至沸,分离后应洗涤沉淀 2~3 次。

2. Fe(Ⅱ)、Fe(Ⅲ)盐的性质

① 选择合适的氧化剂,证明 Fe^{2+} 的还原性,写出反应方程式。

② 选择合适的还原剂,证明 Fe^{3+} 的氧化性,写出反应方程式。

3. 铁、钴、镍的配合物

(1) 铁的配合物

① 在 $K_4[Fe(CN)_6]$、$K_3[Fe(CN)_6]$ 溶液中,分别加入 NaOH 溶液,观察是否有 $Fe(OH)_2$、$Fe(OH)_3$ 沉淀生成,并解释现象。

② 在少量 $FeCl_3$ 溶液中滴入数滴 0.1 mol/L KSCN 溶液,有何现象?再滴加 NaF 溶液,有何变化?写出反应方程式。比较 $[Fe(NCS)_6]^{3-}$ 与 $[FeF_6]^{3-}$ 配离子的相对稳定性。

(2) 钴和镍的氨配合物

① 在少量 0.5 mol/L $CoCl_2$ 溶液中滴加数滴 1 mol/L NH_4Cl 溶液和过量 6 mol/L $NH_3·H_2O$,观察 $[Co(NH_3)_6]Cl_2$ 溶液的颜色,静置片刻,观察溶液颜色的变化,写出反应方程式,并加以解释。

② 在少量 0.5 mol/L $NiSO_4$ 溶液中,滴加数滴 1 mol/L NH_4Cl 溶液和过量 6 mol/L $NH_3·H_2O$,观察 $[Ni(NH_3)_6]SO_4$ 溶液的颜色,静置片刻,观察溶液颜色是否发生变化。

通过实验,比较 Co^{2+}、Ni^{2+} 氨配合物在空气中的稳定性。

4. 离子的分离和鉴定

① 利用铁、钴、镍形成的各种配合物的特征颜色来鉴定 Fe^{2+}、Fe^{3+}、Co^{2+}、Ni^{2+}。

② 分离和鉴定下列各对离子:Fe^{3+} 和 Co^{2+}、Fe^{3+} 和 Ni^{2+}。

注:① Fe^{2+}、Fe^{3+}、Ni^{2+} 的鉴定,可以在点滴板中进行。

② 用二乙酰二肟鉴定 Ni^{2+} 时,溶液的 pH 值应为 5~10,酸度太高不能形成螯合物,酸度太低则生成绿色 $Ni(OH)_2$ 沉淀。所以,为了使鉴定 Ni^{2+} 的现象更为明显,在鉴定时应先加 $NH_3 \cdot H_2O$ 调节溶液的酸度,再加二乙酰二肟。

数据记录与处理

请简述下述实验现象:

① 在少量 $FeCl_3$ 溶液中滴加数滴 0.1 mol/L KSCN 溶液,有何现象?再滴加 NaF 溶液,有何变化?

② 在少量 0.5 mol/L $CoCl_2$ 溶液中滴加数滴 1 mol/L NH_4Cl 溶液和过量 6 mol/L $NH_3 \cdot H_2O$,观察 $[Co(NH_3)_6]Cl_2$ 溶液的颜色,静置片刻,观察溶液颜色的变化。

③ 在少量 0.5 mol/L $NiSO_4$ 溶液中滴加数滴 1 mol/L NH_4Cl 溶液和过量 6 mol/L $NH_3 \cdot H_2O$,观察 $[Ni(NH_3)_6]SO_4$ 溶液的颜色,静置片刻,观察溶液的颜色是否发生变化。

思考题

1. 为什么 Co(Ⅱ)离子在水溶液中可呈不同颜色(粉红色、浅紫色或蓝色)?

2. 如果硫酸亚铁溶液已有部分被氧化,则应如何处理才能得到较纯的 $FeSO_4 \cdot 7H_2O$ 晶体?

3. 当 Co^{2+} 溶液中混有少量 Fe^{3+} 时,是否会干扰 Co^{2+} 的检出?可采用什么方法排除 Fe^{3+} 的干扰?

4. 有一浅紫色晶体:(1) 取少量晶体溶于水,观察溶液颜色;(2) 取少量上述溶液加 NaOH 溶液,当沉淀完全后过滤;(3) 滤液中加 NaOH 溶液并加热,用湿润 pH 试纸检验产生的气体;(4) 取少量上述滤液加黄血盐,观察产物;(5) 如果在上述滤液中加入少量 $BaCl_2$ 溶液和稀 HNO_3,将有何现象?

综合以上各步实验现象确定此晶体的分子式(已知该晶体分子内含 12 个结晶水)。

实验 13 铜、银、锌、镉和汞

实验目的及意义

① 掌握铜、银、锌、镉、汞氢氧化物的制备及其酸碱性质;
② 了解铜、银、锌、镉、汞的氨配合物及银、汞的其他配合物的性质;
③ 掌握 Cu^{2+}、Ag^+、Zn^{2+}、Cd^{2+}、Hg^{2+} 等离子的分离与鉴定方法;
④ 对铜、银、锌、镉、汞形成的氢氧化物与配合物的化学性质探究,可以在生产与生活中对五种元素的相关离子进行简单的分离与鉴定,同时对了解ⅠB、ⅡB 族中的其他元素的性质具有借鉴意义。

实验原理

铜、银是周期系ⅠB族元素,锌、镉、汞属于ⅡB族元素。铜、锌、镉、汞的常见氧化值一般为+2,银的氧化值为+1,铜、汞还有氧化值为+1的化合物。

① $Zn(OH)_2$ 显两性,$Cu(OH)_2$ 呈较弱的两性(偏碱),$Cd(OH)_2$ 显碱性。$Cu(OH)_2$ 不太稳定,会因加热或放置而脱水变成黑色的 CuO。银和汞的氢氧化物极不稳定,极易脱水成为 Ag_2O、HgO、$Hg_2O(HgO+Hg)$。所以在银盐、汞盐溶液中加碱时,得不到氢氧化物,而是生成相应的氧化物。

② Cu^{2+} 具有氧化性,与 I^- 反应时生成白色的 CuI 沉淀:

$$2Cu^{2+} + 4I^- =\!=\!= 2CuI\downarrow + I_2$$

CuI 溶于过量的 KI 中能生成 $[CuI_2]^-$ 配离子:

$$CuI + I^- =\!=\!= [CuI_2]^-$$

将 $CuCl_2$ 溶液和铜屑混合,加入浓 HCl,加热生成 $[CuCl_2]^-$ 配离子:

$$Cu^{2+} + Cu + 4Cl^- =\!=\!= 2[CuCl_2]^-$$

生成的 $[CuI_2]^-$ 与 $[CuCl_2]^-$ 都不稳定,将溶液加水稀释时,又可得到白色的 CuI 和 $CuCl$ 沉淀。

在铜盐溶液中加入过量 $NaOH$ 溶液,再加入葡萄糖,则 Cu^{2+} 能还原成 Cu_2O 沉淀:

$$2Cu^{2+} + 4OH^- + C_6H_{12}O_6 =\!=\!= Cu_2O\downarrow + C_6H_{12}O_7 + 2H_2O$$

在银盐溶液中加入过量氨水,再用甲醛或葡萄糖还原,便可制得银镜:

$$2Ag^+ + 2NH_3 + H_2O =\!=\!= Ag_2O + 2NH_4^+$$

$$Ag_2O + 4NH_3 + H_2O =\!=\!= 2[Ag(NH_3)_2]^+ + 2OH^-$$

$$2[Ag(NH_3)_2]^+ + HCHO + 2OH^- =\!=\!= 2Ag\downarrow + HCOONH_4 + 3NH_3 + H_2O$$

③ Cu^{2+}、Ag^+、Zn^{2+}、Cd^{2+} 与过量氨水反应时,分别生成氨配合物。但是 Hg^{2+} 和 Hg_2^{2+} 与过量氨水反应时,在没有大量 NH_4^+ 存在的情况下并不生成氨配离子:

$$HgCl_2 + 2NH_3 =\!=\!= HgNH_2Cl\downarrow(白色) + NH_4Cl$$

$$Hg_2Cl_2 + 2NH_3 =\!=\!= HgNH_2Cl\downarrow(白色) + Hg\downarrow(黑色) + NH_4Cl$$

$$2Hg(NO_3)_2 + 4NH_3 + H_2O =\!=\!= HgO \cdot HgNH_2NO_3\downarrow(白色) + 3NH_4NO_3$$

$$2Hg_2(NO_3)_2 + 4NH_3 + H_2O =\!=\!= HgO \cdot HgNH_2NO_3\downarrow(白色) +$$

$$2Hg\downarrow(黑色) + 3NH_4NO_3$$

④ Hg^{2+}、Hg_2^{2+} 与 I^- 作用,分别生成难溶于水的 HgI_2 和 Hg_2I_2 沉淀。橙红色 HgI_2 易溶于过量 KI 中生成 $[HgI_4]^{2-}$:

$$HgI_2 + 2KI =\!=\!= K_2[HgI_4]$$

$[HgI_4]^{2-}$ 的强碱性溶液称为"奈斯勒试剂",常用于鉴定 NH_4^+。

黄绿色 Hg_2I_2 与过量 KI 反应时,发生歧化反应生成 $[HgI_4]^{2-}$ 和 Hg:

$$Hg_2I_2 + 2KI =\!=\!= K_2[HgI_4] + Hg\downarrow$$

卤化银难溶于水,但可通过形成配合物而使之溶解。例如:

$$AgCl + 2NH_3 =\!=\!= [Ag(NH_3)_2]^+ + Cl^-$$

$$AgBr + 2S_2O_3^{2-} =\!=\!= [Ag(S_2O_3)_2]^{3-} + Br^-$$

⑤ 常见离子的鉴定方法如表 5-13 所列。

表 5-13　常见离子的鉴定方法(5)

离　子	鉴定试剂	现象及产物
Cu^{2+}	NaOH,葡萄糖	暗红色沉淀(Cu_2O)
	$K_4[Fe(CN)_6]$	红棕色沉淀$Cu_2[Fe(CN)_6]$
Ag^+	NaCl,$NH_3·H_2O$,HNO_3	白色沉淀(AgCl),溶解,复出沉淀
Zn^{2+}	NaOH,二苯硫腙	水层中呈粉红色(螯合物)
Cd^{2+}	H_2S 或硫代乙酰胺	黄色沉淀(CdS)
Hg^{2+}	$SnCl_2$(过量)	黑色沉淀(Hg)

仪器和试剂

① 仪器:离心机,点滴板。

② 试剂:

固体:铜屑。

酸:HCl(2 mol/L,浓),HNO_3(2 mol/L,6 mol/L),H_2SO_4(1 mol/L,3 mol/L)。

碱:NaOH(2 mol/L,6 mol/L),$NH_3·H_2O$(2 mol/L,6 mol/L)。

盐:$CuSO_4$,$AgNO_3$,KBr,$K_4[Fe(CN)_6]$,$Na_2S_2O_3$,NaCl,$FeCl_3$,$ZnSO_4$,$CdSO_4$,$Hg(NO_3)_2$,$HgCl_2$,$Hg_2(NO_3)_2$,$SnCl_2$(以上溶液均为 0.1 mol/L),$CuCl_2$(1 mol/L),KI(0.1 mol/L,2 mol/L),KSCN(0.1 mol/L,饱和)。

其他:甲醛(2%),葡萄糖(10%),二苯硫腙溶液,硫代乙酰胺(5%)。

实验内容

1. 氢氧化物的性质

制取相应元素的氢氧化物,并试验它们的酸碱性以及脱水性,将观察到的现象及反应产物填入表 5-14 中,并做出结论。

表 5-14　实验记录表(3)

(1) 铜、锌、镉的 $M(OH)_2$ 的酸碱性				
实验项目		Cu^{2+}	Zn^{2+}	Cd^{2+}
$M^{n+} + OH^-$				
$M(OH)_n$	$+H^+$			
	$+OH^-$			
酸碱性				

续表 5-14

(2) 铜、银、汞的 $M(OH)_n$ 的脱水性

实验项目	Cu^{2+}	Ag^+	Hg^{2+}	Hg_2^{2+}
$M^{n+}+OH^-$				
脱水性				

注：① $Cu(OH)_2$ 具有两性偏碱性，试验其酸性时，NaOH 浓度宜大些。
② 验证 $Cu(OH)_2$ 脱水性时，应将制得的 $Cu(OH)_2$ 沉淀加热或放置一段时间。

2. 铜、银、锌、镉、汞的氨配合物

取少量 $CuSO_4$、$AgNO_3$、$ZnSO_4$、$CdSO_4$、$Hg(NO_3)_2$、$Hg_2(NO_3)_2$ 溶液，分别加入少量 $NH_3·H_2O$，观察沉淀的生成，然后加入过量 $NH_3·H_2O$，观察沉淀是否溶解。将观察到的现象和产物填入表 5-15 中。

表 5-15 实验记录表(4)

试剂 现象和产物 $NH_3·H_2O$	$CuSO_4$	$AgNO_3$	$ZnSO_4$	$CdSO_4$	$Hg(NO_3)_2$	$Hg_2(NO_3)_2$
少量						
过量						

3. 银、汞的其他配合物

① 制取少量 AgCl、AgBr，观察这些卤化物的颜色和其在水溶液中的溶解性。选择适当试剂使上述卤化物溶解，用平衡移动的原理解释溶解的原因，并写出反应方程式。

② 分别取 $Hg(NO_3)_2$、$Hg_2(NO_3)_2$ 溶液 1~2 滴，加入少量 KI 溶液，观察沉淀的颜色，然后加入过量 KI 溶液，观察现象，写出反应方程式。

4. Ag^+、Cu^{2+} 的氧化性和 Cu^+ 配合物的生成

① 制取少量银镜，说明银离子的性质。

② 制取少量氧化亚铜，说明 Cu^{2+} 的性质。

③ 在少量 $CuSO_4$ 溶液中滴加 KI 溶液，观察溶液颜色的变化。分离和洗涤沉淀后，在沉淀中加入 2 mol/L KI 溶液，观察其溶解的情况，写出反应方程式。

④ 在 0.5 mL 1 mol/L $CuCl_2$ 溶液中，加入少量铜屑和等体积的浓 HCl，加热至沸腾。待溶液呈棕黄色后，停止加热。将溶液倒入盛有水的小烧杯中，观察白色沉淀的生成，解释现象，写出反应方程式，并说明生成 Cu^+ 配合物的条件。

注：① 试验铜、银、汞的配合性时，应严格控制配位剂的浓度和用量。
② $Hg(Ⅱ)$ 与过量的 KI 反应可以生成无色的 $[HgI_4]^{2-}$，但可能会得到黄色溶液，这是由 KI 溶液中的黄色 I_3^- 所引起的。

③ 制取银镜的试管必须洗涤干净,制得的银镜用 2 mol/L HNO_3 溶液溶解后予以回收。

④ 制备$[CuCl_2]^-$时,反应所用的铜屑可先用稀盐酸浸泡片刻,洗净后再使用。

5. 离子的分离和鉴定

① 利用离子的特征反应鉴定 Cu^{2+}、Ag^+、Zn^{2+}、Cd^{2+}、Hg^{2+} 等离子。

② 分离和鉴定下列各组离子:

Zn^{2+},Cd^{2+},Hg^{2+};Cu^{2+},Pb^{2+},Zn^{2+};Cu^{2+},Fe^{3+},Cr^{3+},Ag^+。

注:① 在碱性条件下,二苯硫腙的 CCl_4 溶液(绿色)与 Zn^{2+} 反应生成螯合物,在水层中呈粉红色,在 CCl_4 层中绿色变为棕色,证明有 Zn^{2+}。

② Cu^{2+} 的鉴定,可以在点滴板中进行。

③ 实验中使用的 H_2S、$(NH_4)_2S$ 都具有臭味和毒性,而且制备也不方便,一般可以用硫代乙酰胺(CH_3CSNH_2,简称 TAA)的水溶液来代替。硫代乙酰胺是白色鳞片状结晶,易溶于水和酒精,它的水溶液较为稳定,常温下水解很慢,加热则很快水解,在酸性、碱性介质中水解可分别产生 H_2S、S^{2-}。

数据记录与处理

请简述下述实验现象:

① 取少量 AgCl、AgBr,观察这些卤化物的颜色及其在水溶液中的溶解性。

② 取 $Hg(NO_3)_2$、$Hg_2(NO_3)_2$ 溶液 1~2 滴,加入少量 KI 溶液,观察沉淀的颜色,然后加入过量 KI 溶液,观察现象。

③ 在少量 $CuSO_4$ 溶液中滴加 KI 溶液,观察溶液颜色的变化。

思考题

1. AgCl、Hg_2Cl_2 都为不溶于水的白色沉淀,如何进行鉴别?

2. 在制取银镜时,为什么先由 $AgNO_3$ 制成$[Ag(NH_3)_2]^+$,然后再用甲醛还原,如果用还原剂直接还原 $AgNO_3$ 能否制取银镜?为什么?

3. Fe^{3+} 的存在会干扰 Cu^{2+} 的鉴定,如何排除 Fe^{3+} 的干扰?

4. 尝试至少用两种方法鉴别 $Hg(NO_3)_2$、$Hg_2(NO_3)_2$ 和 $AgNO_3$ 溶液。

5. 有甲、乙、丙三个学生分别采用了三种方法分离 Zn^{2+}、Cd^{2+}、Hg^{2+}。

甲:用过量 NaOH 溶液将 Zn^{2+} 分离,然后在沉淀中加入过量 $NH_3 \cdot H_2O$,将 Cd^{2+} 与 Hg^{2+} 分离。

乙:用过量 $NH_3 \cdot H_2O$ 将 Hg^{2+} 分离,然后在溶液中加入过量 NaOH 溶液,将 Zn^{2+} 与 Cd^{2+} 分离。

丙:将 H_2S 通于酸化了的混合液中,将 Zn^{2+} 分离,然后在沉淀中加入 HNO_3,将 Cd^{2+}、Hg^{2+} 分离。

这三种方法是否都合理?为什么?你将采用什么方法?

第三部分 制备分离提纯实验

第6章 常见化合物的制备与合成

实验14 微波辐射法制备 $Na_2S_2O_3 \cdot 5H_2O$

实验目的与意义

① 熟悉微波辐射法制备无机纳米材料的方法；
② 了解微波辐射法制备 $Na_2S_2O_3 \cdot 5H_2O$ 的基本原理；
③ 掌握 $S_2O_3^{2-}$ 的定性鉴定方法和 $Na_2S_2O_3 \cdot 5H_2O$ 的定量测定方法；
④ 采用微波辐射法制备 $Na_2S_2O_3 \cdot 5H_2O$ 改变了传统的加热方式，可以推广到其他需要长时间加热的反应中，不仅可以节约能源，也为无机制备实验中的加热方式提供了新的思路。

实验原理

微波是一种频率在 300 MHz～300 GHz(即波长在 1～1 000 mm)范围内的电磁波。微波加热技术作为一种新型绿色化学方法，其加热方式不同于传统加热：传统加热是通过辐射、对流、传导这三种方式由表及里进行的；而微波加热是材料在电磁场中由于介质损耗而引起的介电加热，其产生的热效应具有加热快速、条件温和及加热过程伴随"非热效应"等特点。因此，微波加热技术日益引起广大化学工作者的浓厚兴趣，被广泛应用于化学合成的各个领域。

1. 微波辐射法制备 $Na_2S_2O_3 \cdot 5H_2O$

$Na_2S_2O_3 \cdot 5H_2O$ 俗称"海波"，又名"大苏打"，是无色透明单斜晶体，易溶于水，不溶于乙醇，具有较强的还原能力和配位能力，常用作照相术中的定影剂、棉织物漂白后的脱氯剂、定量分析中的还原剂。

2. 定量测定产品中 $Na_2S_2O_3 \cdot 5H_2O$ 的含量

采用碘量法测定 $Na_2S_2O_3 \cdot 5H_2O$ 的含量，其反应方程式为

$$I_2 + 2S_2O_3^{2-} \Longrightarrow 2I^- + S_4O_6^{2-}$$

该反应必须在中性或弱酸性环境中进行。通常采用醋酸-醋酸氨缓冲溶液使 pH=6。产品中含有的未完全反应的 Na_2SO_3 会消耗 I_2 从而造成误差，因此滴定前应加入甲醛，排除干扰。

主要仪器和试剂

① 仪器:微波反应器,电子天平,烧杯,表面皿,漏斗,抽滤瓶,布氏漏斗,循环水泵,量筒,锥形瓶,滴定管。

② 试剂:硫粉,Na_2SO_3,$AgNO_3$(0.1 mol/L),淀粉溶液(1%),$HAc-NH_4Ac$ 缓冲溶液(pH=6),I_2 标准溶液(0.025 mol/L),甲醛。

实验内容

称取 6.0 g 无水亚硫酸钠于 100 mL 小烧杯中,加 60 mL 水,搅拌使之溶解。另称取 2.0 g 硫粉于 250 mL 锥形瓶中,将亚硫酸钠溶液转移至锥形瓶中,搅拌后在锥形瓶上方倒扣一个小烧杯。将锥形瓶放入微波炉,用高火加热约 2 min 至沸腾,然后将加热火力设置为低火,继续反应 7 min 后取出(溶液体积为 20~25 mL)。趁热抽滤,将滤液蒸发浓缩至产生晶膜,冷却至室温,加一粒晶种,在冰水中冷却结晶 30 min 左右,待晶体完全析出后,抽滤,所得晶体用无水乙醇洗涤,抽干,称量,计算产率。

数据记录与处理

① 定性鉴定 $S_2O_3^{2-}$,相关现象和结果记录于表 6-1 中。

表 6-1 定性鉴定 $S_2O_3^{2-}$

离子	加入试剂	现 象	结 果
$S_2O_3^{2-}$	I_2 + 淀粉溶液		

② 定量计算 $Na_2S_2O_3 \cdot 5H_2O$ 的产量。

$$产率 = \frac{实际产量}{理论产量} \times 100\%$$

思考题

1. 定性鉴定 $Na_2S_2O_3$ 的反应原理是什么?写出反应方程式。
2. $Na_2S_2O_3$ 用作照相术中定影剂的原理是什么?写出反应方程式。
3. 用标准碘溶液滴定硫代硫酸钠时应使 pH 值在 6 左右,过酸或过碱将会产生什么反应?为何加入甲醛?

实验 15 溶胶-凝胶法制备多孔二氧化硅

实验目的与意义

① 了解多孔二氧化硅的性质和用途。

② 学习多孔二氧化硅的制备方法。
③ 掌握 XRD(X-Ray Diffraction,X 射线衍射)、TEM(Transmission Electron Microscopy,透射电子显微镜)、DTA(Differential Thermal Analysis,差热分析法)等表征方法。
④ 学习对多孔材料的分析方法。
⑤ 二氧化硅是一种常见的坚硬、脆性、不溶的无色透明固体,生活中常用于制作玻璃、陶器以及光学仪器等。多孔 SiO_2 的制备拓宽了其应用范围。

实验原理

以可溶性硅酸盐为原料的溶胶-凝胶法的基本原理是:向水玻璃溶液中加入乙酸乙酯,乙酸乙酯在碱性条件下发生如下水解反应:

$$CH_3COOC_2H_5 + OH^- \rightleftharpoons CH_3COO^- + CH_3CH_2OH$$

该反应会使体系的碱度降低并诱发硅酸盐的聚合反应。乙酸乙酯在水溶液中溶解并发生水解反应,使反应体系碱度的降低能够在均相体系中很均匀地实现,避免了因直接加入酸而造成局部酸度过高、碱度降低过快的缺陷。因此这种潜伏的、使硅酸盐聚合的酸试剂与直接加入酸相比能提供更为理想的反应条件。

在一定条件下,随着乙酸乙酯水解反应和硅酸盐聚合反应的进行,水玻璃溶液中以胶体粒子形式存在的高聚态硅酸根离子不断长大,当其粒径达到一定尺寸时,整个反应体系就转变为具有一定乳光亮度的硅溶胶。成溶胶后,随着乙酸乙酯水解反应引起的体系 pH 值的进一步降低,通过吸附 OH^- 而带负电荷的 SiO_2 胶粒的电动电位也相应降低。当胶粒电动电位降低到一定程度时,SiO_2 胶体颗粒便通过表面吸附的水合 Na^+ 的桥联作用而凝聚形成凝胶。最后经干燥、预烧、烧结制得多孔 SiO_2。

主要仪器和试剂

① 仪器:TG-DTA 材料热分析仪,透射电子显微镜,X 射线衍射仪,ASAP-2000 型物理吸附仪,岛津 IR-435 型红外光谱仪,恒温反应器,蒸馏装置。
② 试剂:水玻璃溶液(模数 3.34),乙酸乙酯,盐酸,$AgNO_3$ 溶液,正丁醇。

实验内容

1. 二氧化硅粉体的制备

在 (30 ± 1) ℃的恒温反应器中,将经冲稀过滤后的水玻璃溶液(模数 3.34)与乙酸乙酯按乙酸乙酯/SiO_2 摩尔比为 0.65 的比例搅拌混合。随着乙酸乙酯水解反应的进行,溶液中有 H^+ 均相释放,硅酸盐发生聚合反应,生成溶胶,并经聚集转化为凝胶。成凝胶后继续搅拌一定时间,用盐酸调至 pH=4,过滤,并用去离子水洗涤凝胶,直至滤液中用 $AgNO_3$ 溶液检测不出 Cl^-。洗涤后的凝胶与一定量的正丁醇搅拌混合进行恒沸蒸馏,使凝胶体内的水分子以恒沸的形式(恒沸温度为 93 ℃)被带出而脱除。除去水后的凝胶于 120 ℃下干燥处理 2 h,即得疏松的二氧化硅超细粉体。

2. 性能测试

二氧化硅超细粉体的热学行为用 TG-DTA 材料热分析仪分析表征；颗粒尺寸和形貌由 TEM 观察；用 XRD 进行物相分析；用 ASAP-2000 型物理吸附仪氮气吸附法测定吸附等温线和孔径分布；用岛津 IR-435 型红外光谱仪测定红外光谱。

数据记录与处理

① 请简述实验现象（样品颜色、形状）。
② 记录不同反应温度对应的溶胶凝胶化时间。
③ 记录不同乙酸乙酯用量对应的溶胶凝胶化时间。

思考题

1. 反应温度对溶胶凝胶化时间是否有影响？为什么？
2. 乙酸乙酯用量对溶胶凝胶化时间是否有影响？为什么？
3. 溶胶-凝胶法制备多孔 SiO_2 的优点有哪些？

实验 16　硫酸亚铁铵的制备

实验目的及意义

① 学习复盐的制备方法及性质；
② 掌握加热、过滤、蒸发、结晶等基本操作；
③ 硫酸亚铁铵在工业上可用作净水处理混凝剂，在无机化学工业中可用作铁系颜料、磁性材料等，也可以施用于缺铁性土壤以及用于治疗缺铁性贫血。

实验原理

硫酸亚铁铵（$FeSO_4 \cdot (NH_4)_2SO_4 \cdot 6H_2O$）俗称摩尔盐。根据同一温度下复盐的溶解度比组成它的简单盐的溶解度小的特点，用等物质的量的 $FeSO_4$ 和 $(NH_4)_2SO_4$ 在水溶液中相互作用可以制得浅绿色的 $FeSO_4 \cdot (NH_4)_2SO_4 \cdot 6H_2O$ 复盐晶体。其反应方程式为

$$FeSO_4 + (NH_4)_2SO_4 + 6H_2O = FeSO_4 \cdot (NH_4)_2SO_4 \cdot 6H_2O$$

$FeSO_4$ 可由铁屑或铁粉与稀硫酸作用制得：

$$Fe + H_2SO_4 = FeSO_4 + H_2 \uparrow$$

硫酸亚铁铵易溶于水，难溶于乙醇，在空气中不易被氧化，故在分析化学中常被选作氧化还原滴定法的基准物。

主要仪器和试剂

① 仪器：台秤，布氏漏斗，吸滤瓶，比色管（25 mL）。

② 试剂：H_2SO_4(3 mol/L)，KSCN(1 mol/L)，$(NH_4)_2SO_4$(s)，标准铁溶液（Fe^{3+} 含量为 0.100 mg/mL），铁粉。

实验内容

1. 硫酸亚铁的制备

称 2 g 铁粉于小烧杯中，加入适量 3 mol/L H_2SO_4 溶液（自行计算，过量 20%），盖上表面皿，用小火加热，使铁粉和 H_2SO_4 反应，直至不再有气泡冒出为止（约需 20 min）。在加热过程中应补充少量水，以防 $FeSO_4$ 结晶析出。然后趁热抽滤，用少量热去离子水洗涤。将滤液转移至蒸发皿中，此时滤液的 pH 值应在 1 左右。

2. 硫酸亚铁铵的制备

根据 $FeSO_4$ 的理论产量，按照反应式计算所需固体硫酸铵的物质的量（考虑到 $FeSO_4$ 在过滤操作中的损失，$(NH_4)_2SO_4$ 用量可按生成 $FeSO_4$ 理论产量的 80%~85% 计算）。将在室温下称出的 $(NH_4)_2SO_4$ 配制成饱和溶液，加到已制备好的硫酸亚铁溶液中，混合均匀，用 3 mol/L H_2SO_4 将溶液调至 pH 值为 1~2。用小火蒸发浓缩至表面出现晶膜为止，冷却后即可得到硫酸亚铁铵晶体。减压过滤，观察晶体的形状和颜色。称量并计算产率。

3. 产品检验——Fe^{3+} 的限量分析

称取 1 g 产品，放入 25 mL 比色管中，用 15 mL 不含氧的去离子水（将去离子水用小火煮沸 5 min 以除去所溶解的氧，盖好表面皿，冷却后即可取用）溶解，加入 1.0 mL 3 mol/L H_2SO_4 溶液和 1.0 mL 1 mol/L KSCN 溶液，再加不含氧的去离子水至刻度，摇匀。用目测法将所得溶液与 Fe^{3+} 的标准溶液进行比较，确定产品中 Fe^{3+} 含量所对应的级别。

Fe^{3+} 标准溶液的配制：依次量取 Fe^{3+} 含量为 0.100 mg/mL 的溶液 0.50 mL、1.00 mL、2.00 mL，分别置于三个 25 mL 比色管中，并各加入 1.0 mL 3 mol/L H_2SO_4 溶液和 1.0 mL 1 mol/L KSCN 溶液，最后用不含氧的去离子水稀释至刻度，摇匀，配成不同等级的标准溶液，如表 6-2 所列。

表 6-2 不同等级 $FeSO_4 \cdot (NH_4)_2SO_4 \cdot 6H_2O$ 中 Fe^{3+} 含量

规 格	Ⅰ级	Ⅱ级	Ⅲ级
Fe^{3+} 含量/mg	0.05	0.10	0.20

4. 拓展实验

将合成的样品置于样品瓶中，做好标签，存于实验室，可以作为实验 17 的原料。

数据记录与处理

① 列式计算反应需要的 H_2SO_4 与 $(NH_4)_2SO_4$ 的量。

② 计算 $FeSO_4 \cdot (NH_4)_2SO_4 \cdot 6H_2O$ 的产率：

$$产率 = \frac{实际产量}{理论产量} \times 100\%$$

③ 采用比色法确定产品中 Fe^{3+} 含量的级别。

思考题

1. 为什么要保持硫酸亚铁溶液和硫酸亚铁铵溶液有较强的酸性？
2. 为什么在检验产品中 Fe^{3+} 含量时,要用不含氧的去离子水？

实验17 三草酸合铁(Ⅲ)酸钾的制备

实验目的与意义

① 掌握制备过程中的称量、水浴加热控温、蒸发、浓缩、结晶、干燥、倾析、常压、减压过滤等系列化学基本操作。

② 加深对铁(Ⅲ)和铁(Ⅱ)化合物性质的了解。

③ 掌握定量分析等基本操作。

④ 三草酸合铁(Ⅲ)酸钾是制备负载型活性铁催化剂的主要原料,也是一些有机反应很好的催化剂。该方法虽然合成路线长、酸溶条件很难控制、易发生副反应且成本较高,但富有教学意义,适合于对学生进行无机化学理论和实验的综合设计训练,以培养他们观察、分析、解决实际化学问题的能力。实验过程中出现多变的色彩,可以提高学生对化学实验的兴趣,也对学生产生吸引力。

实验原理

三草酸合铁(Ⅲ)酸钾($K_3[Fe(C_2O_4)_3] \cdot 3H_2O$)是翠绿色晶体,溶于水而难溶于乙醇,是制备负载型活性铁催化剂的主要原料。

1. 以硫酸亚铁为原料制备三草酸合铁(Ⅲ)酸钾

以硫酸亚铁和草酸为原料通过沉淀反应制备草酸亚铁晶体的原理为：在过量草酸根存在的情况下,用过氧化氢来氧化草酸亚铁,通过氧化还原和配位反应制得三草酸合铁(Ⅲ)酸钾,主要反应方程式为

$$FeSO_4 + 2H_2O + H_2C_2O_4 = FeC_2O_4 \cdot 2H_2O + H_2SO_4$$

$$6(FeC_2O_4 \cdot 2H_2O) + 3H_2O_2 + 6K_2C_2O_4 = 4K_3[Fe(C_2O_4)_3] + 2Fe(OH)_3\downarrow + 12H_2O$$

$$2Fe(OH)_3 + 3H_2C_2O_4 + 3K_2C_2O_4 = 2K_3[Fe(C_2O_4)_3] + 6H_2O$$

向反应后的溶液中加入乙醇,便可析出三草酸合铁(Ⅲ)酸钾晶体。

2. 拓展实验：以硫酸亚铁铵为原料制备三草酸合铁(Ⅲ)酸钾

本实验还可以采用在实验16中自行合成的硫酸亚铁铵为原料,制备三草酸合铁(Ⅲ)

酸钾。

主要实验步骤和反应方程如下：

首先，由硫酸亚铁铵与草酸反应制备草酸亚铁：

$$(NH_4)_2Fe(SO_4)_2 + 2H_2O + H_2C_2O_4 = FeC_2O_4 \cdot 2H_2O\downarrow + (NH_4)_2SO_4 + H_2SO_4$$

然后，在过量草酸根的存在下，用过氧化氢氧化草酸亚铁即可得到三草酸合铁(Ⅲ)酸钾，同时有氢氧化铁生成：

$$6(FeC_2O_4 \cdot 2H_2O) + 3H_2O_2 + 6K_2C_2O_4 = 4K_3[Fe(C_2O_4)_3] + 2Fe(OH)_3\downarrow + 12H_2O$$

最后，加入适量草酸可使 $Fe(OH)_3$ 转化为三草酸合铁(Ⅲ)酸钾配合物：

$$2Fe(OH)_3 + 3H_2C_2O_4 + 3K_2C_2O_4 = 2K_3[Fe(C_2O_4)_3] + 6H_2O$$

主要仪器和试剂

① 仪器：分析天平，布氏漏斗，吸滤瓶，干燥器，称量瓶。

② 试剂：$FeSO_4 \cdot 7H_2O(s)$，H_2SO_4(3 mol/L)，$H_2C_2O_4$(1 mol/L)，饱和 $K_2C_2O_4$ 溶液，H_2O_2(3%)，乙醇(95%)。

实验内容

① 称取 4 g $FeSO_4 \cdot 7H_2O$ 晶体于烧杯中，加入 15 mL 去离子水和数滴 3 mol/L H_2SO_4 溶液酸化，加热使其溶解，然后加入 20 mL 1 mol/L $H_2C_2O_4$ 溶液，加热煮沸，且不断进行搅拌(其目的是使 $FeC_2O_4 \cdot 2H_2O$ 颗粒变大，容易沉降)，在形成黄色 $FeC_2O_4 \cdot 2H_2O$ 沉淀时，用倾析法洗涤沉淀 3 次(用倾析法洗涤 $FeC_2O_4 \cdot 2H_2O$ 沉淀时，每次用水不宜太多(约 20 mL)，至沉淀沉降后再将上层清液弃去，尽量减少沉淀的损失)。

② 在盛有黄色 $FeC_2O_4 \cdot 2H_2O$ 沉淀的烧杯中加入 10 mL 饱和 $K_2C_2O_4$ 溶液，加热至 40 ℃左右，慢慢滴加 20 mL 3% H_2O_2 溶液，并不断搅拌。此时沉淀转化成黄褐色，将溶液加热至沸腾以去除过量的 H_2O_2。保持上述沉淀近沸状态，分两次加入 8~9 mL 1 mol/L $H_2C_2O_4$ 溶液，第一次加入 5 mL，然后趁热滴加剩余的 $H_2C_2O_4$ 溶液使沉淀溶解，将溶液的 pH 值控制在 3.5，此时溶液呈翠绿色(思考为什么要分两次加?)，加热浓缩至溶液体积为 25~30 mL，冷却，即有翠绿色 $K_3[Fe(C_2O_4)_3] \cdot 3H_2O$ 晶体析出。抽滤，称量，计算产率，并将产物置于称量瓶中，放入干燥器内避光保存。若 $K_3[Fe(C_2O_4)_3]$ 溶液未达饱和，冷却时未析出晶体，则可以继续加热浓缩或加 5 mL 95%乙醇，即可析出晶体。

③ 拓展实验：三草酸合铁(Ⅲ)酸钾的感光实验。

a. 取少量样品置于阳光下照射 30 min，观察样品颜色的变化。

b. 称取 0.3 g 三草酸合铁(Ⅲ)酸钾和 0.4 g 铁氰化钾置于烧杯中，加入 5 mL 去离子水，搅拌均匀，制备成感光液。用制备的感光液将自选文字或者图案涂色，将涂色文字或者图案遮挡住一半，然后置于阳光下照射 5~10 min，对比曝光的部分与未曝光部分颜色的差别。

数据记录与处理

计算 $K_3[Fe(C_2O_4)_3] \cdot 3H_2O$ 的产率：

$$产率 = \frac{实际产量}{理论产量} \times 100\%$$

思考题

1. 如何提高产率？能否用蒸干溶液的方法来提高产率？
2. 在实验中加入乙醇的作用是什么？
3. 氧化 $FeC_2O_4 \cdot 2H_2O$ 时，为什么要将氧化温度控制在 40 ℃而不能太高？
4. 产物中可能的杂质是什么？
5. 加入 H_2O_2 后为什么要趁热加入饱和 $H_2C_2O_4$？
6. 根据三草酸合铁(Ⅲ)酸钾的性质，应该如何保存？
7. 三草酸合铁(Ⅲ)酸钾结晶水的测定采用烘干脱水法，$FeCl_3 \cdot 6H_2O$ 等物质能否用此方法脱水？

实验 18　三氯化六氨合钴(Ⅲ)的制备

实验目的与意义

① 学习三氯化六氨合钴(Ⅲ)的制备原理；
② 加深理解配合物的形成对钴(Ⅲ)稳定性的影响；
③ 三氯化六氨合钴(Ⅲ)的制备属于较为复杂的合成与制备实验过程，能有效地帮助学生掌握对配合物综合制备实验的操作技术。

实验原理

根据有关电对的标准电极电势可知，在通常情况下，Co(Ⅱ)盐在水溶液中是稳定的，而 Co(Ⅲ)盐在水溶液中不能稳定存在，但当生成氨配合物后正相反。因此，常用空气或过氧化氢等氧化二价钴的化合物的方法来制备三价钴的氨配合物。

以氨为配位剂，在不同的条件下可制备多种 Co(Ⅲ)的氨配合物，如三氯化六氨合钴(Ⅲ)($[Co(NH_3)_6]Cl_3$，橙黄色晶体)、二氯化一氯五氨合钴(Ⅲ)($[Co(NH_3)_5Cl]Cl_2$，紫红色晶体)、三氯化五氨一水合钴(Ⅲ)($[Co(NH_3)_5H_2O]Cl_3$，砖红色晶体)。

本实验以活性炭为催化剂，采用 H_2O_2 作氧化剂，在过量氨和氯化铵存在的情况下，将 Co(Ⅱ)氧化为 Co(Ⅲ)，来制备三氯化六氨合钴(Ⅲ)配合物，反应方程式为

$$2CoCl_2(粉红色) + 10NH_3 + 2NH_4Cl + H_2O_2 \xrightarrow{活性炭} 2[Co(NH_3)_6]Cl_3(橙黄色) + 2H_2O$$

第6章 常见化合物的制备与合成

将产物溶解在酸性溶液中以除去其中混有的催化剂,抽滤除去活性炭,然后在较浓盐酸存在的情况下使产物结晶析出。

20 ℃时,$[Co(NH_3)_6]Cl_3$ 在水中的溶解度为 0.26 mol/L,$K_{稳}=1.41\times10^{35}$,因此,一般情况下 $[Co(NH_3)_6]Cl_3$ 很稳定,只有在过量强碱存在且煮沸的条件下会按下式分解:

$$2[Co(NH_3)_6]Cl_3 + 6NaOH = 2Co(OH)_3 + 12NH_3\uparrow + 6NaCl$$

由于 $[Co(NH_3)_6]Cl_3$ 在 215 ℃时会转变为 $[Co(NH_3)_5Cl]Cl_2$,所以反应过程需严格控制温度。

主要仪器和试剂

① 仪器:分析天平,台秤,锥形瓶,吸滤瓶,布氏漏斗,量筒,烧杯,研钵。
② 试剂:$CoCl_2 \cdot 6H_2O(s)$,$NH_4Cl(s)$,$NH_3 \cdot H_2O$(浓),HCl(浓,2 mol/L),H_2O_2(6%),活性炭,乙醇,冰。

实验内容

用台秤称取 6 g 研细的 $CoCl_2 \cdot 6H_2O$ 和 4 g NH_4Cl,放入锥形瓶中,再加入 10 mL 去离子水,加热溶解后加入 0.4 g 研细的活性炭,混合均匀,流水冷却后加入 14 mL 浓氨水,进一步用冰水冷却至 10 ℃以下。缓慢加入 14 mL 6% H_2O_2 溶液(分数次加入,边加边摇)。然后在水浴上加热至 60 ℃,恒温 20 min,以流水冷却后再用冰水冷却至 0 ℃。抽滤,将沉淀溶于含有 2 mL 浓盐酸的 50 mL 沸水中,趁热抽滤。在滤液中逐滴加入 7 mL 浓盐酸,以冰水冷却,即有橙黄色晶体析出。抽滤,晶体用 2 mol/L HCl 洗涤,再用少量乙醇洗涤,抽干,将晶体在水浴上烘干,称量。

数据记录与处理

① 描述得到的三氯化六氨合钴(Ⅲ)配合物晶体的颜色。
② 计算制得的三氯化六氨合钴(Ⅲ)配合物的产率:

$$产率 = \frac{实际产量}{理论产量} \times 100\%$$

思考题

1. 试从电对 Co^{3+}/Co^{2+}、$Co(NH_3)_6^{3+}/Co(NH_3)_6^{2+}$ 的标准电极电势说明为什么钴的化合物 Co(Ⅱ)盐通常较稳定,而 Co(Ⅲ)则以配合物状态较稳定?
2. 制备过程中,为什么要在 60 ℃水浴上恒温 20 min?能否加热至沸腾?
3. 在加入 H_2O_2 和浓盐酸时都要求慢慢加入,为什么?它们在制备过程中各起什么作用?
4. 要使 $[Co(NH_3)_6]Cl_3$ 具有较高的合成产率,哪些步骤是比较关键的?为什么?

实验 19　β-磷酸三钙骨修复材料的制备

实验目的与意义

① 掌握磷酸三钙的制备原理及方法；
② 学习使用高温炉；
③ 了解生活中牙科手术与骨科手术所使用材料的制备方法，有助于学生将实验与生活融合。

实验原理

β-磷酸三钙(β-TCP)的化学式为 $Ca_3(PO_4)_2$，它是磷酸三钙的低温相(β相)，为三方晶系，空间群为 R_3C，钙和磷的原子数之比为 3∶2，在 1 200 ℃转变为高温相(α相)，在水溶液中的溶解度是羟基磷灰石的 10~15 倍。

β-磷酸三钙(β-TCP)是生物降解或生物吸收型活性陶瓷材料之一，当它被植入人体后，降解下来的钙、磷能进入活体循环系统并形成新生骨，因此它可以作为人体硬组织(如牙齿和骨)的理想替代材料，具有良好的生物降解性、生物相容性和生物无毒性。目前研究和应用比较广泛的生物降解陶瓷是 β-TCP 和其他磷酸钙的混合物。通过不同的工艺来改变材料的理化性能(如孔隙结构、机械强度、生物吸收率等)，可以满足不同的临床应用要求。

本实验采用一种简单易行的合成方法，即利用 $Ca(NO_3)_2$ 和 $(NH_4)_2HPO_4$ 的反应，同时用氨水调节 pH 值，然后高温热处理得到 β-磷酸三钙。此法具有工艺简单、产率高以及易于工业化的特点。

主要仪器和试剂

① 仪器：烧杯，马弗炉，布氏漏斗，量筒等。
② 试剂：$(NH_4)_2HPO_4$(0.67 mol/L)，$Ca(NO_3)_2$(1.0 mol/L)，氨水。

实验内容

按反应体系中 Ca∶P=1.5∶1(摩尔比)配制 $Ca(NO_3)_2$ 溶液和 $(NH_4)_2HPO_4$ 溶液，用氨水调节 pH 值为 11.0，将 40 mL 0.67 mol/L $(NH_4)_2HPO_4$ 溶液以一定速度滴加到强烈搅拌状态下的 40 mL 1.0 mol/L $Ca(NO_3)_2$ 溶液中，滴加过程中用氨水维持体系 pH 值不变。经反应并陈化一段时间后，过滤、洗涤 5 次，将沉淀置于烘箱中，于 80 ℃下烘干 24 h，然后在 900 ℃下焙烧 2 h。将产物称重并计算产率，用研钵研细即得 β-磷酸三钙。

数据记录与处理

① 请简述实验现象(样品颜色、形状)。

② 计算制得的 β-磷酸三钙的产率：

$$产率 = \frac{实际产量}{理论产量} \times 100\%$$

思考题

1. 如何证实产物为 β-磷酸三钙？
2. β-磷酸三钙的用途和其他合成方法还有哪些？

实验 20　分子筛的合成及表征

实验目的与意义

① 了解分子筛的用途；
② 学习分子筛的常规合成方法；
③ 掌握分子筛的形貌与结构表征方法；
④ 生活中沸石被广泛应用于工业、农业、国防、医学等领域，有助于学生对生活中常见化合物的制备与分析。

实验原理

1. 分子筛的结构与用途

分子筛也称沸石，是以硅氧四面体和铝氧四面体为基本结构单元，通过氧桥连接构成的一类具有规则均一的笼形或孔道结构的结晶铝硅酸金属盐的水合物，其化学通式可表示为 $Me_{x}^{n}[(AlO_2)_x(SiO_2)_y \cdot mH_2O]$，其中 Me 为金属阳离子，$n$ 为金属阳离子价数，x 为铝原子数，y 为硅原子数，m 为结晶水分子数。

分子筛结构包括三个层次：① 初级结构单元，分子筛都是一个个四面体通过共用顶点面形成的三维四连接骨架堆积得到的，所以一个四面体就是一个初级的结构单元（TO_4 四面体），常见的如 SiO_4、AlO_4 或 PO_4 等四面体；② 次级结构单元（SBU），由 TO_4 四面体通过共用顶点的氧原子，按照不同连接方式组成的多元环结构，比较常见的环结构如四元环、五元环、六元环、双四元环和双六元环；③ 孔道/笼结构单元，次级结构单元进一步通过氧桥连接，形成笼状结构。分子筛的用途非常广泛，利用其规整的孔道结构及筛分特性，可以用于选择性吸附和分离；利用其酸性和热稳定性，可以广泛用作炼油工业和石油化工中的工业催化剂。

2. 分子筛的合成

分子筛的合成方法有水热法、溶胶-凝胶法、水热转化法和离子交换法等。其中，水热合成是最常用的方法之一，通常过程包括：将硅源和铝源在水中搅拌形成氢氧化物凝胶，再加入结构模板导向剂,分散均匀后,放入密闭的高压釜,在一定温度下加热反应,最后经洗涤、干燥、煅烧得到分子筛。

本实验采用传统的水热法合成 Silicalite-1 沸石分子筛,通过改变水热合成时间和温度,研究不同合成条件对产物 Silicalite-1 沸石分子筛形貌和结构的影响。

主要仪器和试剂

① 仪器:烧杯(250 mL),量筒(50 mL),移液枪,分析天平,恒温加热磁力搅拌器,电热鼓风干燥箱,不锈钢反应釜,马弗炉,X射线衍射仪(XRD),扫描电子显微镜(SEM),透射电子显微镜(TEM)。

② 试剂:正硅酸乙酯(TEOS),四丙基氢氧化铵(TPAOH),去离子水。

实验内容

① 将模板剂 TPAOH 加入去离子水中,开启磁力搅拌器,完全溶解后逐滴加入 TEOS,合成液的配比为 TEOS:TPAOH:H_2O=1:0.32:165(物质的量比),室温陈化 0.5 h 至合成液澄清。

② 将合成液分成三份,分别转移至圆底烧瓶和带聚四氟乙烯内衬的不锈钢反应釜中,分别在 80 ℃、100 ℃ 和 150 ℃ 晶化 24 h,反应结束后,待温度降至室温,将所得沉淀离心洗涤 5 次,80 ℃ 烘干。

③ 将产物放入马弗炉中 550 ℃ 下煅烧 6 h,升温速度为 5 ℃/min,去除模板剂。

④ 将所得最终产物进行 XRD、SEM/TEM 表征。

注:① 规范称量,正确使用移液枪,保证使用前反应釜的洁净。

② TPAOH 具有强腐蚀性,使用时必须小心!

③ 溶液体积应小于反应釜容积的 2/3,拧紧主螺栓,保证釜体和釜盖互相压紧并达到出色的密封效果。

数据记录与处理

① 记录产物 XRD 图谱中的 d 值和相对强度(I/I_0)。

② 记录 TEM 观测时样品粒子的平均粒径。

③ 分析温度与反应时间对分子筛形貌的影响。

思考题

1. 还有哪些因素可以影响 Silicalite-1 分子筛的形貌?
2. 影响 Silicalite-1 分子筛合成过程的因素有哪些?
3. 为什么要保证使用前反应釜的洁净?

实验 21 氧化石墨烯的制备与表征

实验目的与意义

① 掌握氧化石墨烯的制备原理和方法；
② 了解氧化石墨烯的表征方法；
③ 了解氧化石墨烯的基本性质；
④ 了解氧化石墨烯在电池及密封材料等材料领域中的应用。

实验原理

石墨烯(Graphene)是一种由碳原子构成的、单层片状结构的新材料，是一种由碳原子以 sp^2 杂化轨道组成的六角型、呈蜂巢晶格的平面薄膜，是只有一个碳原子厚度的二维材料。2004 年，英国曼彻斯特大学物理学家安德烈·海姆(Andre Geim)和康斯坦丁·诺沃肖洛夫(Konstantin Novoselov)成功地从石墨中分离出石墨烯。两人也因"在二维石墨烯材料的开创性实验"，共同获得了 2010 年诺贝尔物理学奖。石墨烯是世上已知的最薄、最坚硬的纳米材料，它几乎是完全透明的，只吸收 2.3% 的光，导热系数高达 5 300 W/(m·K)，高于碳纳米管和金刚石，常温下其电子迁移率超过 15 000 $cm^2/(V·s)$，比碳纳米管或硅晶体高，而其电阻率只有 10^{-8} Ω·m，比铜或银更低，为世上电阻率最小的材料。

氧化石墨烯是石墨烯的重要衍生物，它的结构与石墨烯基本相同。氧化石墨烯的价格比碳纳米管的价格便宜很多，且是制备石墨烯的重要材料。尽管氧化石墨烯仍具有石墨烯的二维层状结构，但是由于氧化作用，在其二维基面上引入了大量的含氧官能团，如 —OH、—COOH、—C═O 等(见图 6-1)。目前，科学家主要利用计算机模拟、拉曼光谱、核磁共振等手段对其结构进行分析，普遍接受的结构模型是在氧化石墨烯单片上随机分布着羟基和环氧基，而在单片的边缘则引入了羧基和羰基。最近的理论分析表明氧化石墨烯表面的官能团并不是随机分布的，而是具有高度的相关性。其表面的官能团能够与一些极性有机物质和聚合物形成比较强的化学键或相互作用，有利于其与其他材料的复合，由于共

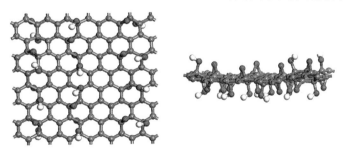

图 6-1 单层氧化石墨烯分子结构示意图

轭网络受到严重的官能化,氧化石墨烯薄片具有绝缘的特质,可以广泛应用在电极材料、工程材料和光学催化电荷存储等相关领域。

目前,石墨烯的制备方法很多,但对氧化石墨烯来说,一般是将天然磷片石墨加入到高浓度的酸中,再加入强氧化剂,氧化制得氧化石墨,再通过剥离分散即可制得氧化石墨烯。由于这种制备方法已经相对成熟,且适用于大规模的生产,所以该制备方法的研究及完善显得尤为重要。到目前为止,该制备方法主要采用3种途径:Staudenmaier法、Hummers法和Brodie法。其中Hummers法的制备过程的时效性相对较好,而且制备过程也比较安全,是目前最常用的一种:浓硫酸中的高锰酸钾与石墨粉末经氧化反应之后,得到棕色的、在边缘有衍生羧酸基及在平面上主要为酚羟基和环氧基团的石墨薄片,此石墨薄片层可以经超声或高剪切剧烈搅拌剥离为氧化石墨烯,并在水中形成稳定、浅棕黄色的单层氧化石墨烯悬浮液。本实验采用Hummers法制备氧化石墨烯。

主要仪器和试剂

① 仪器:托盘天平,电热套,烧杯,量筒,锥形瓶,吸滤瓶,滤纸,真空泵。

② 试剂:鳞片石墨(99.99%,200 mesh,Alfa Aesar),H_2SO_4,P_2O_5,$K_2S_2O_8$,$KMnO_4$,HCl(质量百分数36%~38%),H_2O_2,乙醇(以上试剂均为分析纯试剂)。

实验内容

1. 石墨的预氧化

首先,称取鳞片石墨3.0 g,放入烧杯中,称取$K_2S_2O_8$ 2.5 g,P_2O_5 2.5 g,缓慢加入烧杯中,在80 ℃油浴持续搅拌下,缓慢滴加15 mL浓硫酸,反应约5 h,冷却至室温;然后,将上述反应物转移到1 000 mL烧杯中,用500 mL去离子水稀释,静置3 h后进行抽滤,用去离子水洗涤至中性,放到烘箱干燥待用。

2. 预氧化石墨的氧化

首先,将预氧化石墨粉转移到圆底烧瓶中,冰水浴降温,缓慢加入120.00 mL浓H_2SO_4,然后缓慢加入15.0 g $KMnO_4$(注:反应体系温度在20 ℃以下,以防氧化过度,加入$KMnO_4$以后使体系温度保持在10 ℃以下),待$KMnO_4$加完后,将烧瓶转移到35 ℃的油浴中,持续搅拌下保温2 h。

然后,将反应溶液转移到大烧杯中,维持温度在50 ℃以下,放置在35 ℃油浴中,缓慢滴加250 mL去离子水稀释,静置,再缓慢加入700 mL去离子水,缓慢加入20.00 mL 30%(质量分数)的H_2O_2溶液,溶液中产生大量气泡,体系变为土黄色。

最后,依次分别用浓盐酸和水体积比为1:10的盐酸溶液以及去离子水对该溶液进行离心洗涤,直到溶液为中性,最终得到棕色的氧化石墨烯胶状溶液,并标定其浓度,以备使用。

3. 氧化石墨烯的表征

利用X射线衍射仪、扫描电子显微镜对其成分和结构进行分析。

数据记录与处理

请简述实验现象(样品颜色、形状)。

思考题

1. 原料鳞片石墨具有什么样的晶体结构?
2. 在浓硫酸的滴加过程中,滴加的速度对反应有怎样的影响?
3. 氧化石墨烯的制备中有哪些影响因素?
4. 在氧化石墨烯的水洗过程中,是否需要进行超声分离?为什么?

第7章 常见化合物的提取与分离

实验22 由鸡蛋壳制备丙酸钙

实验目的与意义

① 学习丙酸钙的制备方法;
② 掌握重结晶技术;
③ 鸡蛋壳是生活中常见的厨余废物,本实验可以充分利用废物资源,不仅可变废为宝,为社会增加财富,还可减少对环境的污染。

实验原理

丙酸钙（$(CH_3CH_2COO)_2Ca$）是一种新型食品添加剂。在食品工业上主要用作防腐剂,可延长食品保鲜期。它对霉菌、好气性芽孢产生菌、革兰氏阴性菌有很好的防灭效果,而对酵母菌无害,对人体无毒、无副作用,还可以抑制黄曲霉素的产生,广泛用于面包、糕点等食品的防腐。

由于目前国内对鸡蛋壳资源的利用率还很低,人们仅利用了鸡蛋的可食用部分(即蛋清和蛋黄),大量鸡蛋壳被抛弃,对环境造成了很大污染,如能充分利用,不仅可变废为宝,为社会增加财富,还可减少对环境的污染。对鸡蛋壳组成成分的分析表明:蛋壳中的主要成分为 $CaCO_3$,另外还含有少量有机物,以及 P、Mg、Fe 及微量 Si、Al、Ba 等元素,其组成的百分含量分别为：$CaCO_3$ 93%, $MgCO_3$ 1.0%, $Mg_3(PO_4)_2$ 2.8%,有机物 3.2%。$CaCO_3$ 是生产丙酸钙的主要原料,因此可以以鸡蛋壳为原料生产丙酸钙,这既为鸡蛋壳的综合利用提供了一条可行的路径,又符合我国变废为宝、综合治理的根本方针。

鸡蛋壳制备丙酸钙的方法:

① 蛋壳($CaCO_3$)直接与丙酸反应,制备丙酸钙:

$$2CH_3CH_2COOH + CaCO_3(蛋壳) \longrightarrow (CH_3CH_2COO)_2Ca + H_2O + CO_2\uparrow$$

② 蛋壳经过煅烧后,与丙酸中和制备丙酸钙:

把鸡蛋壳放在箱式电炉中煅烧为蛋壳灰分(CaO),加水制备成石灰乳,然后与丙酸中和制备丙酸钙。

主要操作流程：鸡蛋壳 $\xrightarrow{\text{加热 }850\sim1\,000\,℃}$ 蛋壳灰分(CaO) $\xrightarrow{\text{加水}}$ 石灰乳($Ca(OH)_2$) $\xrightarrow{\text{加丙酸中和}}$ 丙酸钙→抽滤→蒸发→干燥→成品。

主要反应方程式为

$$CaCO_3(蛋壳) \xrightarrow{高温分解} CaO(蛋壳灰分)$$

$$CaO + H_2O = Ca(OH)_2(石灰乳)$$

$$2CH_3CH_2COOH + Ca(OH)_2 = (CH_3CH_2COO)_2Ca + 2H_2O$$

对制得的丙酸钙进行钙含量的测定、防霉试验等,可以参考国家标准 GB 6225—1986。

主要仪器和试剂

① 仪器:电阻炉,干燥箱,蒸发皿,烧杯,漏斗,玻璃棒,量筒,滤纸,电子天平,研钵,恒温水浴锅。

② 试剂:丙酸(13 mol/L),盐酸(12 mol/L),鸡蛋壳,溴化钾粉末。

实验内容

1. 蛋壳($CaCO_3$)直接与丙酸反应,制备丙酸钙

① 蛋壳预处理:用清水清洗鸡蛋壳,去除泥土及粘附的杂质,粉碎后再用清水浸泡一小时,去除水面漂浮的蛋壳膜,过滤得洁净蛋壳碎片,晾干后在干燥箱中 110 ℃烘干一小时。

② 研磨:用研钵将鸡蛋壳研磨成蛋壳粉。

③ 中和制备丙酸钙:在不断搅拌下,缓慢加入丙酸溶液,加热搅拌至不再有气体生成,溶液澄清后得到丙酸钙溶液。

④ 蒸发浓缩结晶:待丙酸钙溶液冷却后过滤,除去不溶物,将滤液移入蒸发皿中,加热蒸发浓缩得白色粉末状丙酸钙。

2. 蛋壳经过煅烧后,与丙酸中和制备丙酸钙

① 蛋壳预处理:用清水清洗鸡蛋壳,去除泥土及粘附的杂质,粉碎后再用清水浸泡一小时,去除水面漂浮的蛋壳膜,过滤得洁净蛋壳碎片,晾干后在干燥箱中 110 ℃烘干一小时,得到实验蛋壳粉备用。

② 煅烧分解:称取一定量蛋壳粉,置于电阻炉内 1 000 ℃煅烧一小时,得到白色蛋壳灰分 CaO。

③ 中和制备丙酸钙:将蛋壳灰分研细,加入一定量水,制成石灰乳,然后在不断搅拌下,缓慢加入丙酸溶液,继续搅拌至溶液澄清得到丙酸钙溶液。

④ 蒸发浓缩结晶:待丙酸钙溶液冷却后过滤,除去不溶物,将滤液移入蒸发皿中,加热蒸发浓缩得到白色粉末状丙酸钙。在干燥箱中 120～140 ℃烘干脱水,得到白色粉末状无水丙酸钙。

数据记录与处理

① 请简述实验现象(样品颜色、形状)。

② 记录不同浓度丙酸的反应时间。

③ 计算制得的丙酸钙产率。
④ 对比两种方法的产率和品质等,评析反应原料和方法对产物的影响。

思考题

1. 中和法制备丙酸钙有什么优势?
2. 如何提高丙酸钙的产率?

实验 23　菠菜叶中叶绿素的提取和分离

实验目的与意义

① 了解薄层色谱的一般原理和意义,学习薄层色谱的操作方法;
② 掌握天然色素的提取方法;
③ 巩固液体有机化合物的干燥、抽滤、蒸馏等基本操作;
④ 实验流程简单且富有教学意义,实验取材贴近于自然,可以提高学生对化学实验的兴趣,也对学生产生吸引力。

实验原理

高等植物体内的叶绿体色素有叶绿素和类胡萝卜素两类,主要包括叶绿素 a ($C_{55}H_{72}O_5N_4Mg$)、叶绿素 b ($C_{55}H_{70}O_6N_4Mg$)、β-胡萝卜素 ($C_{40}H_{56}$) 和叶黄素 ($C_{40}H_{56}O_2$) 4 种。叶绿素 a 和叶绿素 b 为吡咯衍生物与金属镁的配合物;胡萝卜素是一种天然橙色色素,属于四萜类,为一长链共轭多烯,有 α、β、γ 三种异构体,其中,β 异构体含量最多;叶黄素为一种黄色色素,与叶绿素共同存在于植物体中,是胡萝卜素的羟基衍生物,较易溶于乙醇,在乙醚中溶解度较小。根据它们的化学特性,可将它们从植物叶片中提取出来,并通过萃取、沉淀和色谱方法将它们分离开来。图 7-1 所示为 β-胡萝卜素和叶黄素的结构式。

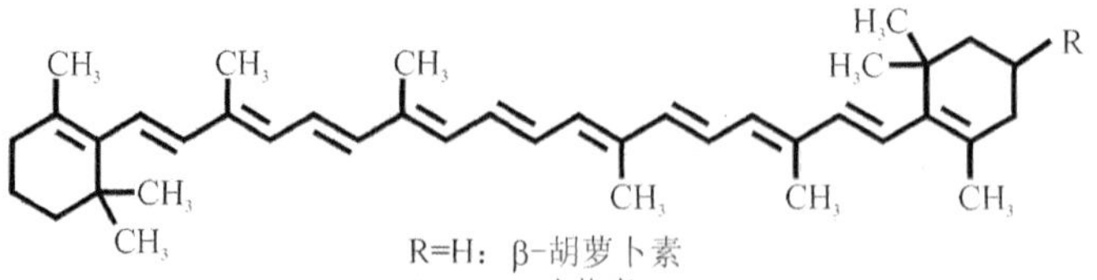

R=H: β-胡萝卜素
R=OH: 叶黄素

图 7-1　β-胡萝卜素和叶黄素结构式

主要仪器和试剂

① 仪器:小烧杯,毛细管,研钵,漏斗,脱脂棉。
② 试剂:石英砂,碳酸钙,无水乙醇,层析液(由石油醚和丙酮体积比 10∶3 配制)。

实验内容

① 叶绿素的提取:在研钵中放入几片(约 5 g)菠菜叶(新鲜的或冷冻的都可以,如果是冷冻的,需解冻后包在纸中轻压吸走水分)。加入 10 g 石英砂,5 g 碳酸钙,再加入 10 mL 无水乙醇,充分研磨。使用漏斗、脱脂棉将液体过滤,得到叶绿素提取液。

② 取滤纸一张,修剪成 8 cm×3 cm 的长条状,将底端两角减去,在距底端 1.5~2.0 cm 处,使用毛细管吸取提取液并反复划线。

③ 将适量层析液加入烧杯,将滤纸放入烧杯中,注意不要让层析液接触划线。

④ 等待层析液将叶绿素分离,最后可以在滤纸上看见四条颜色带,由上到下分别为胡萝卜素、叶黄素、叶绿素 a、叶绿素 b。

数据记录与处理

通过眼睛观察四条颜色带,观察其分层现象。

思考题

1. 为什么分离所用滤纸下端要剪去两个角?
2. 为什么滤纸上划的线不可以碰到层析液?

第四部分　创新化学实验

第8章 新型纳米材料的制备

实验24 金属有机框架材料 ZIF-67 的制备

实验目的与意义

① 掌握金属有机框架材料的制备方法;
② 掌握利用溶剂法一步合成金属有机框架 ZIF-67;
③ 掌握扫描电子显微镜的操作方法;
④ 了解金属有机框架材料的合成原理及其在各领域中的应用。

实验原理

金属-有机骨架材料(Metal-Organic Framework,MOF)是指过渡金属离子与有机配体通过自组装形成的具有周期性网络结构的晶体多孔材料。它具有高孔隙率、低密度、大比表面积、孔道规则、孔径可调以及拓扑结构多样性和可裁剪性等优点,在锂离子电池、电催化剂和气体吸附/分离等各个领域显示出巨大的应用潜力。

在 MOF 中,有机配体和金属离子或团簇的排列具有明显的方向性,可以形成不同的框架孔隙结构,从而表现出不同的吸附性能、光学性质、电磁学性质等。通常采用的合成方法与常规无机合成方法并没有显著不同,蒸发溶剂法、扩散法(又可细分为气相扩散、液相扩散、凝胶扩散等)、水热或溶剂热法、超声和微波法等均可用于 MOF 的合成。

类沸石骨架材料(Zeolitic Imidazolate Framework,ZIF)是由无机金属离子与含氮的多齿有机配体通过配位作用自组装形成的一类具有规则微孔网络结构的新型类沸石材料,是 MOF 的一种。ZIF 因其大比表面积、孔容和可调节的孔道尺寸以及结构性质受到越来越多科研工作者的关注,广泛应用于气体存储、选择性吸附/分离、生物医药、催化等领域。

本实验以二甲基咪唑为有机配体,钴为无机金属离子,通过自组装形成 ZIF-67,通过扫描电子显微镜观测其形貌(见图 8-1)。

主要仪器和试剂

① 仪器:圆底烧瓶,磁转子,分析天平,磁力搅拌器,高功率数控超声波清洗器,高温恒温鼓风干燥箱。

图 8-1 ZIF-67 的扫描电子显微镜图

② 试剂：六水合硝酸钴($Co(NO_3)_2 \cdot 6H_2O$)，六水合硝酸镍($Ni(NO_3)_2 \cdot 6H_2O$)，二甲基咪唑(C_4HN_2)，无水甲醇(CH_3OH)，无水乙醇(CH_2CH_5OH)。

实验内容

通过电子天平快速称取 3.493 g(12 mmol)六水合硝酸钴($Co(NO_3)_2 \cdot 6H_2O$)并溶于 100.00 mL 无水甲醇中，磁力搅拌 10 min 后得到溶液 A。通过电子天平称取 3.941 g (48 mmol)二甲基咪唑并溶于 100.00 mL 无水甲醇，磁力搅拌 10 min 后得到溶剂 B。两种溶液均匀分散后，将溶液 A 快速加入到溶液 B 中，并停止搅拌，室温静置 24 h，得到紫色沉淀物。将产物离心分离，离心管容积为 50 mL，转速为 7 500 r/min，时间为 5 min，分离后，用无水乙醇洗涤离心产物三次，置于烘箱 60 ℃干燥，所得产物即为 ZIF-67。取少量 ZIF-67 样品于离心管并滴加乙醇，超声分散约 5 min，待样品分散均匀，用毛细管蘸取少量样品滴加至硅片并烘干，通过导电胶将硅片固定于样品台上，喷金处理后使用扫描电子显微镜进行形貌观察。

实验注意事项

① 将溶液 A 转移至 B 中时，需要快速、匀速加入。
② 分离产物时，需要观测沉淀物颜色，探究粒径与沉淀颜色是否有关。
③ 确定洗样干净的标准。

思考题

1. 什么是溶剂法合成？其特点是什么？影响溶剂法合成的因素有哪些？
2. 如何判断 ZIF-67 是否被洗涤干净？
3. 简述 ZIF-67 在扫描电子显微镜下的形貌。

实验 25　二维材料 MXene 的合成

实验目的与意义

① 认识二维材料,了解 MXene 材料在不同领域中的应用前景;
② 掌握二维 MXene 的合成方法。

实验原理

MXene 作为一种新发现的二维纳米材料,具有较大的比表面积、很强的导电性、充放电稳定性、亲水性、很好的弹性以及较好的力学强度等性质,在电化学领域展现了极好的应用潜力,并且迅速成为能源以及材料科学的前沿。

MXene 在结构上和石墨烯类似,它的化学通式是 $M_{n+1}X_nT_x(n=1,2,3)$,M 一般代表的是过渡金属,如 Cr、Mo、Ti、Zr 等元素,X 代表的是碳或者氮,T_x 则代表一些链接在表面的官能团(如 F^-、OH^-)。目前,选择性刻蚀的方法是 MXene 合成中最常用的一种湿化学合成方法。常使用 HF 选择性刻蚀,有目的地除去块体 MAX 相(M 代表过渡金属元素,A 代表主族元素,X 代表碳或氮)中的 A 原子层,剥离出 MXene 纳米片。

利用氢氟酸选择性刻蚀 Ti_3AlC_2 中键能较弱的 Ti—Al 键,将 Al 原子层连接的 Ti—C—Ti—C—Ti 层逐渐分离开,生成 Ti_3C_2,此时 Ti 元素裸露出来,与溶液中的—OH、—F 结合形成带有终端官能团的 $Ti_3C_2T_x$。

制备 MXene 的反应中可能发生的反应有:

$$M_{n+1}AlX_n + 3HF == M_{n+1}X_n + AlF_3 + 1.5H_2$$
$$M_{n+1}X_n + 2H_2O == M_{n+1}X_n(OH)_2 + H_2$$
$$M_{n+1}X_n + 2HF == M_{n+1}X_nF_2 + H_2$$

主要仪器和试剂

① 仪器:聚四氟乙烯(小瓶),电子天平,磁力搅拌器,高速冷冻离心机,冷冻干燥机。
② 试剂:MXene 相,盐酸(9 mol/L),氟化锂。

实验内容

将装有 50 mL 聚四氟乙烯的小瓶置于水浴中并加入 20 mL HCl 溶液和 1.0 g 氟化锂,磁力搅拌 20 min 至氟化锂溶解。待体系充分冷却后,缓慢加入 1.0 g 的 Ti_3AlC_2 粉末,避免体系过热。随后将水浴温度升至 35 ℃并持续搅拌 24 h,使 Ti_3AlC_2 中的 Al 层被充分刻蚀。反应结束后,在 3 500 r/min 的转速下反复离心、水洗得到的产物,直至离心得到的上清液接近中性,得到的泥状沉淀物即为多层 Ti_3AlC_2。将得到的多层 Ti_3AlC_2 浆分散在水中稀释,并在氩气保护下超声处理 1 h,之后将分散液以 3 500 r/min 的转速离心 1 h,取上清液,即得到剥离的 MXene 纳米片分散液。用毛细管吸取少量样品滴加至硅片并烘干,喷金处理后使用扫描显微镜进行形貌观察。

实验注意事项

① 加入氟化锂后的溶液需充分冷却。
② 水洗至上清液为完全中性。

思考题

1. 查阅资料,认识了解 MXene 材料在哪些领域具有应用前景?
2. 什么是选择性刻蚀?还有哪些试剂可以作为刻蚀剂?

实验 26　镍空心球的制备

实验目的与意义

① 了解镍空心球的性质及结构;
② 掌握自催化还原法的基本原理;
③ 掌握空心球的形成机理。

实验原理

近年来,单分散纳米磁性材料的研究越来越受到关注。磁性材料在不同领域有着广泛的应用,例如数据磁存储、催化化学、吸波材料、疾病诊断等。作为磁性材料的一种,由于磁性空心球在外加磁场下具有极佳的磁响应性,使其在细胞分离、固定化酶、靶向药物、免疫测定、光子晶体、核磁共振成像的造影等生物医学领域有着广泛应用。磁性空心球的制备主要集中在 Co、Ni 等金属,其中镍空心球可由自催化还原法制备。

自催化还原法所制备的镍空心球的形成机理为:胶核表面聚集了大量 Ni^{2+},成为催化活性中心,同时胶核也是镍球形成的模板,还原出来的金属镍沉积在其表面形成不致密的壳层结构,壳层内外物质可以相互交换,使胶核溶解变小。随后生成的镍在壳层上不断沉积,最终形成具有空心结构的镍球。通过自催化还原法制备的镍球具有明显的空心结构,控制工艺参数可得微米、亚微米和纳米级的空心、部分空心和包覆型镍球。图 8-2 所示为镍空心球的制备路线。

主要仪器和试剂

① 仪器:分析天平,移液枪,磁力搅拌器,滴管,烘箱,离心机,超声机等。

第8章 新型纳米材料的制备

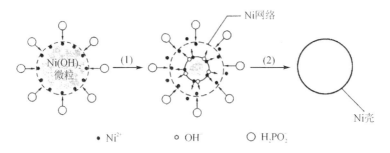

图 8-2 镍空心球的制备路线

② 试剂：$NiSO_4 \cdot 6H_2O$，$NaH_2PO_2 \cdot H_2O$，NaOH，醋酸，柠檬酸，无水乙醇，去离子水等。

实验内容

将 20 g 硫酸镍溶于含有 0.1 g 乙酸和 0.15 g 柠檬酸的 200 mL 水溶液中，制备混合镍溶液 A。将 25 g 氢氧化钠和 3 g 次磷酸钠溶于盛有 200 mL 水的烧杯中制备成溶液 B。将溶液 A 在 80 ℃下加热 5 min，将溶液 B 倒入溶液 A 中，然后通过强力搅拌使溶液 A 与碱溶液 B 混合，得到青绿色的胶体。最后，反应 2~5 min 后得到深灰色粉末，离心分离，并用氨水和去离子水反复洗涤。最终产品在 100 ℃的烘箱中干燥 2 h。

实验注意事项

① 通过观察溶液颜色的变化判断反应是否结束。
② 溶液 A 与 B 混合时，应充分搅拌。

思考题

1. 自催化模板法的原理是什么？会受到哪些因素的影响？
2. 简述乙酸与柠檬酸的作用机理。

第 9 章　新型催化剂的制备及性能测试

实验 27　利用二氧化钛与光催化降解含铬废水

实验目的与意义

① 熟悉金属离子污染物的常见实验室测定方法；
② 了解以二氧化钛为光催化剂还原含铬废水的反应原理和处理方法；
③ 了解目前世界污水处理的主要技术，熟悉光催化降解废水的主要优势。

实验原理

TiO_2 光催化降解 $Cr(Ⅵ)$ 属于光还原反应，利用光催化技术将 $Cr(Ⅵ)$ 还原成 $Cr(Ⅲ)$，进而将 $Cr(Ⅲ)$ 转化为 $Cr(OH)_3$ 沉淀，从溶液中分离出来，达到降解含铬废水的目的。

纳米 TiO_2 等 N 型半导体材料是最常用的光催化剂，其中，由于 TiO_2 具有禁带较宽、化学性质稳定、无毒无害、催化效果好、价格低廉等优点，已经成为具有良好应用前景的纳米催化剂之一。

光催化降解技术中，通常以 TiO_2 等半导体材料作为催化剂。这些半导体粒子的能带结构一般由填满电子的价带和空的高能导带构成，价带和导带之间存在禁带，当用能量大于禁带宽度的紫外光照射半导体时，价带上的电子 e^- 被激发跃迁到导带形成光生电子 e^-，在价带上产生空穴 h^+，并在电场的作用下分别迁移到粒子表面。光生电子 e^- 有很强的还原性，能够把 $Cr(Ⅵ)$ 还原成 $Cr(Ⅲ)$，而水得到价带上的空穴发生氧化，反应为

$$TiO_2 + hv(光照) \longrightarrow TiO_2 + e^- + h^+$$
$$14H^+ + Cr_2O_7^{2-} + 6e^- \Longrightarrow 2Cr^{3+} + 7H_2O$$
$$6H_2O + 12h^+ \Longrightarrow 3O_2 + 12H^+$$
$$Cr^{3+} + 3OH^- \Longrightarrow Cr(OH)_3 \downarrow$$

本实验拟用溶胶-凝胶法制备纳米级二氧化钛。

主要仪器和试剂

① 仪器：PHSJ-3F 型酸度计，T6 紫外可见分光光度计。
② 试剂：四氯化钛，氨水，乙醇(95%)，浓硫酸(0.1 mol/L)，氢氧化钠(0.1 mol/L)，硝酸银溶液，重铬酸钾溶液。

🧪 实验内容

1. 溶胶-凝胶法制备纳米二氧化钛

将 100 mL 乙醇和 25 mL 去离子水混合均匀,用干燥的滴管取 1.5 mL 四氯化钛,缓慢加入到 100 mL 乙醇和 25 mL 去离子水的混合溶液中。

为促进水解缩合反应的进行,再在溶液中加入 28% 的氨水,并且为防止因二氧化钛团块的产生而导致氯离子不易除去,需要以逐滴的方式加入 28% 的氨水,并不断搅拌,此时会有白色沉淀生成,直到溶液的 pH 值上升至 7~8 时,停止加入氨水。

用抽滤器过滤溶胶 3 次,用去离子水洗涤沉淀数次,以除去氯离子,将过滤后的白色沉淀于 65 ℃ 烘箱中干燥,然后研磨成粉。

将研磨后的粉末置于高温炉中,通入空气,以 100 ℃/h 的速率加热至 600 ℃,保温 1 h 后自然冷却至室温,再将颗粒研磨成粉末。

反应方程式如下:

水解反应:

$$TiCl_4 + 4C_2H_5OH = Ti(OC_2H_5)_4 + 4HCl$$

$$Ti(OC_2H_5)_4 + 4H_2O = Ti(OH)_4 \downarrow + 4C_2H_5OH$$

煅烧反应:

$$Ti(OH)_4 = TiO_2 + 2H_2O$$

2. 二氧化钛降解重铬酸根离子

在光催化反应器中进行反应,光催化反应器为三层圆筒形玻璃容器,内套管内通有冷却水,外套管为恒温水槽,内、外套管中间为反应器,控制反应器内废水温度为 (30 ± 1) ℃。取重铬酸钾溶液,调节溶液的 pH 值为 2.5,加入一定量二氧化钛,搅拌一定时间使之分散均匀。固定搅拌速率为 300 r/min。日光灯照反应一段时间后,静止分层,取上清液,用 T6 紫外可见分光光度计于 370 nm 处测定吸光度,对照标准工作曲线求得重铬酸根离子浓度,计算其降解率。

本实验可研究重铬酸钾溶液的 pH 值、重铬酸根离子的浓度、二氧化钛的用量以及光催化反应时间等因素对降解重铬酸根离子的影响。

(1) 重铬酸钾溶液的 pH 值

取 5 组重铬酸钾溶液各 100 mL,用硫酸或氢氧化钠调节废水的 pH 值分别为 2.5、4.0、6.0、8.0、11.0,分别加入 1.0 g 纳米二氧化钛,反应温度为 30 ℃,反应时间为 100 min,Cr(Ⅵ) 的降解率记录于表 9-1 中。

表 9-1 不同的 pH 值对 Cr(Ⅵ) 去除效果的影响

pH 值	处理前 Cr(Ⅵ) 质量浓度/(mg·L^{-1})	处理后 Cr(Ⅵ) 质量浓度/(mg·L^{-1})	降解率/%
2.5			

续表 9 - 1

pH 值	处理前 Cr(Ⅵ)质量浓度/(mg·L^{-1})	处理后 Cr(Ⅵ)质量浓度/(mg·L^{-1})	降解率/%
4.0			
6.0			
11.0			

(2) 重铬酸钾溶液中 Cr(Ⅵ)的质量浓度

分别取重铬酸钾溶液 100 mL、50 mL、25 mL,加入蒸馏水使溶液体积为 100 mL,调节 pH 值为 2.5,加入纳米二氧化钛 1.0 g,反应温度为 30 ℃,反应时间为 100 min,实验数据记录于表 9 - 2 中。

表 9 - 2　重铬酸钾溶液中 Cr(Ⅵ)的质量浓度对 Cr(Ⅵ)的去除效果的影响

重铬酸钾溶液的体积/mL	处理前 Cr(Ⅵ)质量浓度/(mg·L^{-1})	处理后 Cr(Ⅵ)质量浓度/(mg·L^{-1})	降解率/%
100			
50			
25			

(3) 光催化反应时间

分别取 6 组重铬酸钾溶液各 100 mL,加入纳米二氧化钛 1.0 g,调节 pH 值为 2.5,反应温度为 30 ℃,反应时间分别为 20 min、40 min、60 min、80 min、100 min、120 min,实验数据记录于表 9 - 3 中。

表 9 - 3　光催化反应时间对 Cr(Ⅵ)的去除效果的影响

光催化反应时间/min	处理前 Cr(Ⅵ)质量浓度/(mg·L^{-1})	处理后 Cr(Ⅵ)质量浓度/(mg·L^{-1})	降解率/%
20			
40			
60			
80			
100			
120			

(4) 纳米二氧化钛的用量

取 5 组重铬酸钾溶液各 100 mL,分别加入纳米二氧化钛 0.2 g、0.5 g、1.0 g、1.5 g、2.0 g。调节 pH 值为 2.5,反应温度为 30 ℃,反应时间为 40 min,Cr(Ⅵ)的降解率记录于表 9 - 4 中。

表 9-4　纳米二氧化钛的用量对 Cr(Ⅵ)的去除效果的影响

纳米二氧化钛的用量/g	处理前 Cr(Ⅵ)质量浓度/(mg·L^{-1})	处理后 Cr(Ⅵ)质量浓度/(mg·L^{-1})	降解率/%
0.2			
0.5			
1.0			
1.5			
2.0			

实验注意事项

① 在四氯化钛水解过程中,氨水应逐滴加入,以防二氧化钛结块。
② 因溶液 pH 值会对降解效果造成影响,故应准确调节溶液 pH 值。

思考题

1. 请简述二氧化钛光催化降解铬离子的机理。
2. 请根据实验结果,简述 pH 值对光催化性能的影响,并解释原因。

实验 28　纳米二氧化锰的合成及其氧还原催化性能测试

实验目的与意义

① 掌握用水热法合成纳米二氧化锰的技术;
② 了解纳米二氧化锰的氧还原催化机理;
③ 了解纳米二氧化锰在碱性燃料电池和金属空气电池的阴极材料方面的应用。

实验原理

阴极氧还原反应(Oxygen Reduction Reaction,ORR)是质子交换膜燃料电池(Proton Exchange Membrane Fuel Cell,PEMFC)重要的阴极反应,对改善 PEMFC 的性能具有重要作用。目前,Pt 是最有效的催化剂。但是,由于 Pt 的资源有限,价格昂贵,制约了燃料电池的商业化应用。近年来,人们尝试降低 Pt 用量,甚至尝试用其他非贵金属替代 Pt。

纳米二氧化锰价格低廉、储量丰富、相对无污染,在电化学 ORR 反应中具有较高的催化活性,其是否能作为铂、钯、金等贵金属电极的替代品,成为近年学术界的研究热点。虽然纳米二氧化锰在酸性介质中不稳定,但它在碱性和中性介质中相对稳定,在碱性燃料电池和金属空气电池的阴极材料方面有相当大的应用前景。在氧还原反应中,MnO_2 起到了协助电

荷传送的作用,具体过程的电化学反应方程式如下:

$$MnO_2 + H_2O + e^- \rightleftharpoons MnOOH + OH^-$$
$$2MnOOH + O_2 \rightleftharpoons 2(MnOOH\cdots O)$$
$$MnOOH + O_2 \rightleftharpoons MnOOH\cdots O_2$$
$$(MnOOH\cdots O) + e^- \rightleftharpoons MnO_2 + OH^-$$
$$MnOOH\cdots O_2 + e^- \rightleftharpoons MnO_2 + HO_2^-$$

本实验采用水热法合成 MnO_2 纳米管。基本反应方程式如下:

$$2KMnO_4 + 8HCl \xrightarrow{加热} 2MnO_2 + 3Cl_2 + 2KCl + 4H_2O$$

为探究氧还原反应的动力学过程,进行旋转圆盘电极测试实验,获得了从 400~2 500 r/min 转速下的线性 LSV 曲线,通过计算得到 K-L 曲线和 ORR 过程中的电子转移数 n。具体计算公式如下:

$$\frac{1}{j} = \frac{1}{j_K} + \frac{1}{j_L} = \frac{1}{j_K} + \frac{1}{B\omega^{0.5}} \tag{9-1}$$

$$B = 0.2nF(D_{O_2})^{\frac{2}{3}}\upsilon^{-\frac{1}{6}}C_{O_2} \tag{9-2}$$

公式(9-1)为 K-L 方程,公式(9-2)用于计算参数 B。式中,j_K 为动力学电流密度;j_L 为极限扩散电流密度;ω 为旋转速度;B 能够通过 K-L 曲线的斜率计算;n 为 ORR 过程中每个氧分子的电子传递数;F 为法拉第常数(96 485 C/mol);D_{O_2} 为氧气的扩散系数(1.9×10^{-5} cm²/s);υ 为 0.1 mol/L KOH 溶液的动力学粘度(1.1×10^{-2} cm²/s);C_{O_2} 为氧气在其中的本体浓度(1.2×10^{-6} mol/cm)。

主要仪器和试剂

① 仪器:分析天平,超声波清洗器(HS-80D),离心机(LG10-2.4 A),量筒(20 mL、100 mL),烧杯(50 mL),移液枪(100~1 000 μL、10~100 μL),容量瓶(250 mL),烘箱(DGG-9030B),80 mL 聚四氟乙烯内衬,反应釜,氧气气瓶,氮气气瓶,Ag/AgCl 电极(参比电极),直径 0.4 cm 玻碳电极(工作电极),铂丝(辅助电极),电化学工作站(CHI660D),旋转圆盘电极(HP-1A),X 射线衍射仪(D/Max 2200 PC),环境扫描电子显微镜(Quanta 250 FEG)。

② 试剂:高锰酸钾,1 mol/L HCl 溶液,1 mol/L KOH 溶液,全氟化磺酸酯(Nafion),工业氮气,工业氧气,超纯水,无水乙醇。

实验内容

1. 水热法合成纳米二氧化锰

① 配制 $KMnO_4$ 溶液和 HCl 溶液:用分析天平称取约 2.634 g $KMnO_4$ 于 50 mL 烧杯中,加入少量超纯水溶解,超声约 1 min 至 $KMnO_4$ 完全溶解,转入 250 mL 容量瓶定容,此时所配得的 $KMnO_4$ 溶液浓度约为 0.067 mol/L;用量筒量取质量分数为 37% 的浓盐酸 21.74 mL 于烧杯中,用超纯水稀释后转入 250 mL 容量瓶中定容,此时所配得的 HCl 溶液

浓度为 1 mol/L；用量筒量取 15 mL 1 mol/L HCl 溶液和 45 ml 0.067 mol/L $KMnO_4$ 溶液，加入聚四氟乙烯内衬中混合均匀。

② 将添加药品后的内衬放入高压反应釜中，随后将反应釜放入 120 ℃ 烘箱中恒温加热 6 h 后取出。

③ 将生成的产物用超纯水和无水乙醇清洗离心多次后放入 60 ℃ 烘箱中烘干。

2. 产物的微观结构的表征

① 取少量产物粘于导电胶上，喷金制片。

② 将扫描电子显微镜进行放气操作，放入纳米二氧化锰样品，抽真空，打开电子枪，通过电子显微镜寻找样品，调节焦距，拍下电子显微镜照片。

③ 关闭电子枪，将电子显微镜进行放气操作，取出纳米二氧化锰样品，抽真空。

3. 产物的晶体结构表征

① 取少量纳米二氧化锰样品，研磨成适合衍射实验用的粉末；

② 把样品粉末制成有一个十分平整平面的试片；

③ 利用 X 射线衍射仪检测其 X 射线衍射图谱。

4. 纳米二氧化锰的氧还原催化性能的表征

① 取 3.3 mg 新制的纳米二氧化锰，加入 1.29 mL 0.1%（质量分数）Nafion 的乙醇溶液混合，超声约 1 min 至分散完全。

② 用移液枪移取 10 μL 混合液，均匀涂于玻碳电极表面，自然风干。

③ 组装三电极体系（见图 9-1），玻碳电极为工作电极、Ag/AgCl 电极为参比电极、铂丝为辅助电极，测定循环伏安曲线。研究体系采用的电解质为 1 mol/L KOH 溶液，设定扫速为 50 mV/s，扫描范围为 $-1.2\sim 0.4$ V。

④ 分别通入氮气和氧气 30 min，至饱和后进行扫描，记录扫描曲线。

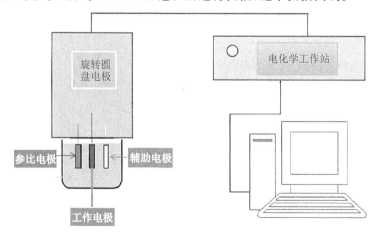

图 9-1 三电极体系示意图

5. 纳米二氧化锰的氧还原催化机理的探究

① 设定扫速为 5 mV/s，初始电位为 0.4 V，高电位为 0.4 V，低电位为 -1.2 V，起始扫

描极性为负,采样间隔为 0.001 s,静置时间为 10 s,灵敏度为 0.001;

② 打开旋转圆盘电极的旋转开关,将转速 ω 调至 400 r/min,通入氧气 30 min,至氧气在电极处达到饱和后进行扫描,记录扫描曲线;

③ 在相同条件下,将转速分别调至 400 r/min、900 r/min、1 600 r/min、2 500 r/min、3 600 r/min 进行 LSV 扫描(每次扫描前通氧气 10 min),记录电流密度-电压曲线;

④ 取电压为 -0.9 V、-1.0 V、-1.1 V、-1.2 V 时不同转速下的电流数据,以 $\omega^{-\frac{1}{2}}$ 为横坐标,$1/j$(j 为电流密度)为纵坐标作图,求出纳米二氧化锰催化下的氧还原反应转移的电子数。

实验注意事项

① 电极表面应是均一平滑的。
② 产物用超纯水和无水乙醇清洗并离心多次后再放入 60 ℃ 烘箱中烘干。

思考题

1. 水热法制备 MnO_2 时,若改变反应温度或者时间,是否会影响 MnO_2 的形貌和电催化性能?为什么?

2. 水热法制备 MnO_2 时,为什么要用超纯水和无水乙醇清洗产物并离心多次后再放入 60 ℃ 烘箱中烘干?

3. 为什么氧还原测试体系中采用碱性电解质(1 mol/L KOH 溶液),而非酸性电解质?

实验 29 锡纳米颗粒及二氧化碳电化学催化还原

实验目的

① 了解电化学催化还原二氧化碳的研究进展;
② 了解水溶液中电化学催化还原二氧化碳的反应机理;
③ 掌握锡纳米颗粒电催化还原二氧化碳的方法和性能;
④ 熟悉电化学工作站和 H 型电解池的使用。

实验原理

1. 水溶液中电还原 CO_2 的反应机理

通过电催化还原水溶液中的 CO_2 可以将 CO_2 转化成更高能量密度的小分子可再生能源,如一氧化碳、甲烷、甲醇等。目前,被普遍接受的水溶液中电还原 CO_2 的反应机理如图 9-2 所示。其中,将吸附态 $CO_2(ad)$ 还原为 $CO_2^{\cdot-}$ 自由基中间体的单电子过程所需要的还原电压为 -1.9 V(vs SHE),这一步被认为是电还原 CO_2 的速度控制步骤。

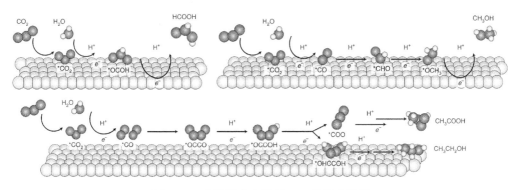

图 9-2 水溶液中电还原 CO_2 的反应机理

水溶液中电还原 CO_2 主要发生的反应方程式如下:

$$CO_2 + H_2O + 2e^- \longrightarrow HCOO^- + OH^- \qquad E^\ominus = -0.43 \text{ V}$$

$$CO_2 + H_2O + 2e^- \longrightarrow CO + 2OH^- \qquad E^\ominus = -0.52 \text{ V}$$

$$CO_2 + 6H_2O + 8e^- \longrightarrow CH_4 + 8OH^- \qquad E^\ominus = -0.25 \text{ V}$$

$$2CO_2 + 8H_2O + 12e^- \longrightarrow C_2H_4 + 12OH^- \qquad E^\ominus = -0.34 \text{ V}$$

$$2CO_2 + 9H_2O + 12e^- \longrightarrow C_2H_5OH + 12OH^- \qquad E^\ominus = -0.33 \text{ V}$$

$$3CO_2 + 13H_2O + 18e^- \longrightarrow C_3H_7OH + 18OH^- \qquad E^\ominus = -0.32 \text{ V}$$

$$2H_2O + 2e^- \longrightarrow 2OH^- + H_2 \qquad E^\ominus = -0.41 \text{ V}$$

由此可见,还原 CO_2 的平衡电势是与析氢反应电势相当的,故在水溶液中进行 CO_2 电化学还原时,析氢反应是主要的竞争反应。

2. 选择纳米锡球作为催化剂的原因

通过对现有技术发展和经济性的分析发现,电化学 CO_2 还原技术制备一氧化碳或甲酸是目前最具实际应用的方案。与气相的 CO 相比,甲酸(HCOOH)或者甲酸盐($HCOO^-$)作为液相产物,具有方便储存和运输的优势。此外,作为一种高能量密度和商业价值的资源,面对 CO_2 电催化还原生成甲酸具有较高的研究价值。在电化学 CO_2 电催化还原领域,Pb、Tl、Sn、In、Cd、Hg 和 Bi 等金属均能选择性生产 HCOOH。在所研究的电催化材料中,Sn 因价格低廉、储量丰富、无毒环保而成为一个很有前途的候选材料。

3. 改善催化剂电催化性能的方法与原理

在电催化过程中,催化剂会与水分子发生析氢副反应,从而降低对 CO_2 还原反应的选择性。通过向 Sn 基催化电极中复合微量的碳黑,利用碳黑疏水亲气的特性,可以在还原过程中创造更多的气-液-固三相界面,使得 CO_2 分子能够有效富集在催化剂表面,克服传统的两相体系中 CO_2 气体分子的扩散传质限制,从而提升 Sn 基催化电极的催化性能。

主要仪器和试剂

① 仪器:扫描电子显微镜(JEOL,JSM-7500F,Japan),气相色谱仪(SHIMADZU,GC-2014),电化学工作站,超声清洗仪,移液枪,pH 计,H 型电解池。

② 试剂:纳米 Sn 球(200 nm),去离子水,异丙醇,碳黑(ECP660),碳纸(1.5 cm×3 cm),Nafion 溶液,K_2SO_4(分析纯)。

实验内容

1. 锡球复合碳黑催化剂的制备

(1) 配制混合溶剂

将去离子水与异丙醇以 3∶1 的体积比配置混合溶剂。将所得混合溶液超声均匀后,于室温下密封保存备用。

(2) 配制锡催化剂

在 1 个 8 mL 玻璃瓶中加入称量好的 50 mg 的商业纳米锡球和 3 mg 的碳黑,随后加入上述 5 mL 的混合溶剂与 50 μL 含 5%(质量分数)Nafion 的异丙醇溶液。将玻璃瓶于超声清洗仪中超声分散 30 min,得到锡催化剂分散液。

2. 催化电极制备

将裁剪好的 1.5 cm×3 cm 的气体扩散电极置于培养皿中,于日光灯下,用滴管逐滴均匀滴加催化剂分散液(等到电极表面的水痕完全消失后,再滴加下一滴分散液)。当全部分散液滴加完成后,接着将电极片置于日光灯下,烘干 30 min,即得负载催化剂的工作电极。

3. 电化学测试

(1) H 型电解池的装配

配置 500 mL 0.1 mol/L K_2SO_4 溶液做电极液,用 pH 计测量 pH 值。

拆开 H 型电解池中间的密封夹,安装离子交换膜,并向 H 型电解池的阴、阳极侧分别加入 30 mL 上述 0.1 mol/L K_2SO_4 电解质溶液,将制好的工作电极装配在阴极上,同时将铂片电极作为对电极连接于阳极侧,保证两个电极与电化学反应池的离子选择性膜互相平行,将 Ag/AgCl 作为参比电极接于阴极侧。电极安装完毕后,拧紧电解池旋盖,以保证电化学反应池的密闭性。H 型电解池如图 9-3 所示,需保证正确连接电路(阴极、阳极、参比电极)。以 20 mL/min 的速率向阴极电极液里通入 CO_2 气体 30 min,得到 CO_2 饱和的电解液。

(2) 电化学催化还原 CO_2 测试(选做法拉第效率计算)

继续以 20 mL/min 的速率向阴极电解液里通入 CO_2 气体的同时进行恒电压测试,施加 -1.5 V 的电压,反应 30 min,保存反应的时间-电流曲线。

(3) 产物含量的半定量测量

用移液枪移取 CO_2 电化学还原反应完成后的阴极、阳极电解液各 15 mL 到 50 mL 烧杯中,混合均匀后用 pH 计测量反应总体系的 pH 值,利用反应前体系的 pH 值与电解液总体积(30 mL)估算甲酸含量。反应后的混合电解液中只存在两种弱酸:甲酸和阴极通入的 CO_2 形成的碳酸,考虑到碳酸的浓度和酸度常数均较低。经计算,当溶液的 pH<3.1 时,可忽略 H_2CO_3 电离对体系 pH 值的影响,此时,甲酸浓度可近似用以下公式计算:

$$[\text{HCOOH}] = \frac{[10^{-\text{pH}}]^2}{K_a^\ominus} + [10^{-\text{pH}}]$$

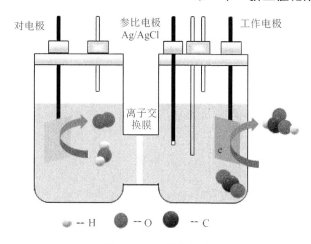

图 9-3 H 型电解池

20 ℃下,甲酸的电离平衡常数为 $K_a^{\ominus}=1.77\times10^{-4}$。甲酸浓度乘以体积即为甲酸的产量(mol)。甲酸浓度乘以体积即为甲酸的产量。

(4) 数据的记录与处理

① 根据所记录的时间-电流曲线,计算出反应过程中的平均电流值(根据具体电解反应时间)。

② 根据电解液中的含量浓度、反应时间和平均电流大小,估算法拉第效率。法拉第效率(FE(%))的计算公式如下:

$$FE(\%)=\frac{产物消耗的电子数}{反应提供的电子数}=\frac{n_{HCOOH}\times2\times F}{I\times t}$$

式中,n_{HCOOH}是产物甲酸的物质的量浓度(单位:mol);F是法拉第常数;I是平均电流大小(单位:A);t是反应时间(单位:s)。

实验注意事项

① 超声分散时注意水温不要过热。
② 制备工作电极时,锡催化剂分散液要均匀地滴涂在气体扩散电极上,等到上一滴彻底烘干后,才能进行下一步滴涂。
③ 组装电解池时应保持电解池的密封性,以防实验过程中漏液和漏气。
④ CO_2还原过程中,需要始终保持电解液为CO_2饱和的。
⑤ H 型电解池要正确连接电路。

思考题

1. 为什么要给电解液通入CO_2至饱和后才能进行还原?
2. 在电化学CO_2还原反应中,甲酸相比于气相的 CO 有哪些优势?
3. H 型电解池中离子交换膜存在的意义是什么?如果想在阴极富集甲酸,应该选阴离子交换膜还是阳离子交换膜?
4. 电催化还原CO_2实验中的注意事项有哪些?

实验30　月季花基掺杂碳纳米材料氧还原电催化剂

实验目的与意义

① 掌握多孔碳纳米材料的制备;
② 了解阴极氧还原反应的原理;
③ 了解生物质炭的制备方法;
④ 了解社会中最常见的废弃生物质种类及其资源化利用手段,培养资源可循环使用的意识。

实验原理

氧还原反应(ORR)是燃料电池和金属空气电池的阴极反应,它是个动力学的慢反应,因此,氧还原反应催化剂的性能决定了电池性能,从而决定了电池的能量转化效率。目前,Pt基催化剂是广泛应用的商业化应用 ORR 催化剂。但是,由于 Pt 材料的价格昂贵、资源稀缺、稳定性差,并且有遇甲醇和 CO 易中毒等问题,制约了燃料电池和金属空气电池的商业化发展。

选择植物的花为催化剂前驱体的原因是:① 植物花瓣中的糖类可以作为碳的前驱体,植物中的氨基酸、盐类等可以作为掺杂的杂原子的前驱体;② 花瓣具有独特的微纳米结构,可作为碳纳米材料的模板,提供丰富的微纳米结构;③ 花瓣的价格便宜、易于获得,可有效降低催化剂的成本,有利于催化剂的商业化应用。花瓣经高温碳化后,可获得多孔的 O、S、P 三元素掺杂的碳纳米材料。产物的多孔结构易于氧气和电解质的传输;杂原子的掺杂可改善碳纳米材料的电催化能力,掺杂杂原子的碳纳米材料有望成为贵金属铂、钯、金等氧还原催化剂的替代品。

主要仪器和试剂

① 仪器:分析天平,超声波清洗器,冷冻干燥机,量筒(50 mL、100 mL),烧杯(80 mL),移液枪(1 000~5 000 μL,0.5~10 μL),Ag/AgCl 电极(参比电极),直径 0.5 cm 玻碳电极(工作电极),铂丝(辅助电极),氮气瓶,氧气瓶,电化学工作站(CHI660D),HP-1A 型旋转环盘电极。

② 试剂:月季花瓣,氢氧化钾,三聚氰胺,乙醇(分析纯),去离子水。

实验内容

① 将新鲜的月季花瓣用去离子水洗净后,放入干净的表面皿中,待其表面水分蒸发完全后,将其放入冷冻干燥机中,在-50 ℃下冷冻干燥两天,得到干燥的月季花瓣。

② 将干燥后的月季花瓣放入管式炉中，在氮气氛围的保护下以 5 ℃/min 的升温速率在 200 ℃下高温碳化 3 h，得到呈灰褐色片状的预碳化产物。

③ 将预碳化产物用 20 mL 5 mol/L 氢氧化钾溶液水浴加热，3.5 h 后取出，用乙醇清洗几遍后放入烘箱中，80 ℃烘干 2 h，得到活化产物。

④ 将活化产物放入管式炉中，在氮气氛围的保护下以 5 ℃/min 的升温速率在 900 ℃下高温碳化 1 h，然后用 0.5 mol/L 盐酸溶液处理 15 min 后，用去离子水清洗至 pH 值为 7 左右。

⑤ 将产物再次烘干后用研钵充分碾碎，然后以 1∶2 的质量比将其与三聚氰胺均匀混合。将混合物放入管式炉中，在氮气氛围的保护下以 5 ℃/min 的升温速率在 900 ℃下高温碳化 1 h，得到最终产物。最终产物为黑色粉末，标记为 RPC-M（在相同条件下制备出 RPC-A 与 RPC-D；RPC-A 与 RPC-M 的制备方法相同，只是不掺杂三聚氰胺；RPC-D 为月季花瓣直接 900 ℃高温碳化的产物）。

⑥ 利用电化学工作站研究所制得催化剂的氧还原催化活性。取碳化产物，用研钵充分研碎，得到黑色粉末，称取 2 mg，加入 1 mL 乙醇溶液中，超声混合 30～40 min 后得到均匀分散的乙醇分散液，该分散液的浓度为 2 mg/mL。用移液枪移取 15 μL 分散液，均匀涂于玻碳电极表面，干燥后，再滴加 7.5 μL 浓度为 0.05%（质量分数）的 Nafion 溶液。组装三电极体系，以负载有催化剂的玻碳电极为工作电极、饱和 Ag/AgCl 电极为参比电极、铂丝为辅助电极，电解质为 0.1 mol/L KOH 溶液。循环扫描伏安曲线测量条件为扫描速度 50 mV/s，扫描范围为−0.8～0.1 V。线性扫描伏安曲线测量条件为扫描速度 10 mV/s，扫描范围为−0.7～0.1 V。

实验注意事项

① 使用管式炉前应检查设备气密性。
② 玻碳电极应先进行抛光，移液枪移取时应尽量一次性垂直滴下。

思考题

1. 氢氧化钾溶液的作用是什么？活化的原理是什么？
2. 盐酸的作用是什么？
3. 不同样品性能有什么区别？原因是什么？

实验 31　太阳能驱动的高效电催化还原二氧化碳

实验目的与意义

① 了解太阳能驱动的电催化还原二氧化碳的机理；

② 掌握银催化剂电催化还原二氧化碳的性能；
③ 了解太阳能领域前沿科学，训练创新思维。

实验原理

本实验通过使用近年来处于研究热点的银纳米颗粒催化剂，高效催化二氧化碳转化为一氧化碳。

1. 水溶液中电还原 CO_2 的反应机理

本实验中检测 CO 的方法是将 CO 通入 $PdCl_2$ 溶液，从而生成黑色 Pd 粉末，方程式为

$$CO + H_2O + PdCl_2 == CO_2 + 2HCl + Pd\downarrow$$

此外，如果实验条件允许，可采用气相色谱在线检测 CO 气体的浓度，由电化学工作站检测施加的电压与电流。

2. 改善催化剂电催化性能的方法与原理

在电催化过程中，催化剂会与水分子发生析氢副反应，从而降低对 CO_2 还原反应的选择性。通过向银催化电极中复合微量的碳黑，利用碳黑疏水亲气的特性，可以在还原过程中创造更多的气-液-固三相界面，使得 CO_2 分子能够有效富集在催化剂表面，克服传统的两相体系中 CO_2 气体分子的扩散传质限制，从而提升银催化电极的催化性能。

主要仪器和试剂

① 仪器：5 V 太阳能电池板，高压氙灯及稳压电源，电压表，H 型电解池，气体流量计及积算仪，CO_2 高压钢瓶及减压阀，气相色谱仪 GC2014C，电化学工作站 CHI760D。

② 试剂：纳米银球（粒径 150 nm），碳纸（1.5 cm×3 cm），Nafion 溶液，碳黑颗粒（ECP660），异丙醇，去离子水，$KHCO_3$（分析纯），$PdCl_2$（分析纯）。

实验内容

1. 银球复合碳黑催化剂的制备

(1) 配制混合溶剂

将去离子水与异丙醇以 3∶1 的体积比配置混合溶剂。将所得混合溶液超声均匀后，于室温下密封保存备用。

(2) 配制银催化剂

在 1 个 8 mL 玻璃瓶中加入称量好的 50 mg 的商业纳米银球和 3 mg 的碳黑，随后加入上述 5 mL 的混合溶剂与 50 μL 的含 5%（质量分数）Nafion 的异丙醇溶液。将玻璃瓶于超声清洗仪中超声分散 30 min，得到银催化剂分散液。

2. 催化电极制备

将裁剪好的 1.5 cm×3 cm 的气体扩散电极置于培养皿中，于日光灯下，用滴管逐滴均匀滴加催化剂分散液（等到电极表面的水痕完全消失后，再滴加下一滴分散液）。当全部分

散液滴加完成后,接着将电极片置于日光灯下,烘干 30 min,即得到工作电极。

3. 电化学测试

(1) H 型电解池的装配

配置 500 mL 0.1 mol/L $KHCO_3$ 溶液做电极液。

拆开 H 型电解池中间的密封夹,安装离子交换膜,并向 H 型电解池的阴、阳极侧分别加入 30 mL 上述 0.1 mol/L K_2SO_4 电解质溶液,将制好的工作电极装配在阴极上,同时将铂片电极作为对电极连接于阳极侧,保证两个电极与电化学反应池的离子选择性膜互相平行,将 Ag/AgCl 作为参比电极接于阴极侧。电极安装完毕后,拧紧电解池旋盖,以保证电化学反应池的密闭性。电解池如图 9-4 所示,需保证正确连接电极以及太阳能电池板。

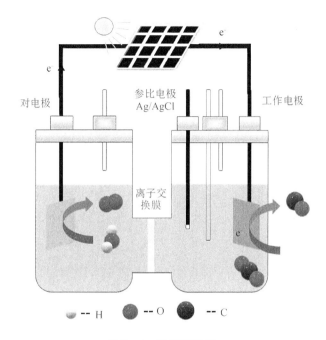

图 9-4 电解装置图

以 20 mL/min 的速率向阴极电极液里通入 CO_2 气体 30 min,得到 CO_2 饱和的电解液。

(2) 连接太阳能电池板

继续以 20 mL/min 的速率向阴极电解液里通入 CO_2 气体的同时,将太阳能电池板的正极连于铂片电极上,负极连于工作电极上;并将电压表红线与工作电极连接,黑线与参比电极连接。电压表用于检测工作电极和参比电极之间的电压。

(3) 太阳能电催化还原 CO_2 为 CO

连接高压氙灯与稳压电源,接通电源后,打开高压氙灯,调节高压氙灯的光强为一个太阳光的光强,将太阳能电池板置于高压氙灯光源下,可观察到铂片电极和工作电极上均有气泡冒出。

用胶管将产出的气体导入盛有 $PdCl_2$ 溶液的试管中,观察现象,以检验 CO 的产生。

实验注意事项

① 电催化还原 CO_2 的电压不能过高,否则工作电极上析氢反应的活性增强,与 CO_2 还原产生竞争,降低了电催化还原 CO_2、制备 CO 的效率。

② 需将太阳能电池板正对于高压氙灯光源下,并保持固定;若太阳能电池板有晃动,则其输出电压不稳定,将影响 CO 的电催化还原反应。

思考题

1. 如何控制工作电极和参比电极之间的电压?
2. 可否选择其他可再生能源(如风能、水能等)为电解池供电? 如有,请说明可行性。
3. 为什么在电化学还原 CO_2 的实验中需要 CO_2 饱和的电解液?
4. 是否有其他定性检测 CO 气体的方法?
5. 电催化还原 CO_2 中施加的电压不能过高,请解释原因。

第10章 新型功能材料制备及性能测试

实验32 类荷叶结构薄膜及其电化学可逆的浸润性

实验目的与意义

① 熟练掌握聚吡咯的电化学合成的基本原理和方法;
② 掌握聚吡咯电化学氧化还原控制浸润性的基本原理和方法;
③ 熟悉红外吸收光谱仪的基本原理和操作;
④ 熟悉接触角测定仪及扫描电子显微镜的基本原理和操作;
⑤ 学会从生物的形态与结构上去熟悉其不同的特征,来培养仿生创造思维。

实验原理

1. 浸润性的基本概念

润湿性(wettability)是固体界面的重要特征,也是自然界、日常生活中最常见的界面现象之一。接触角如图10-1所示,通常将接触角小于90°的表面称为亲水表面,将接触角大于90°的表面称为疏水表面,而超亲水和超疏水分别指表面上水的表观接触角小于5°和超过150°的特殊表面现象。当表面具有超亲水特性时,水将在表面铺展成液膜,不会在表面聚集成小液滴而起到防雾的效果;当表面具有超疏水特性时,通过液滴流动可以带走表面污物而起到自洁净的效果。

液滴在粗糙表面上的接触是一种复合接触,通常在疏水表面上的液滴不能填满粗糙表面上的凹槽,凹槽中的液滴下常存有空气,表观上的"液-固"接触实际是由"液-固"和"气-固"接触共同组成的。其中"气-固"表面的存在可以使疏水性有极大的提高,如图10-2所示,可以观察到其表面附着的水滴呈近似球形。

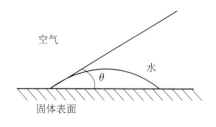

图10-1 接触角示意图

图10-2 超疏水表面示意图

在本实验中,聚吡咯表面的球-纤维复合微/纳米结构就使其表面形成了与水的复合接触,从而增强了表面浸润性。当固体表面为疏水表面时,粗糙度增大会使疏水表面更疏水;当固体表面为亲水表面时,粗糙度增大会使亲水表面更亲水。通过改变固体表面粗糙度,可以调控表观接触角,改变固体表面对水的润湿性能。

2. 聚吡咯电化学合成的基本原理

聚吡咯(polypyrrole)是研究和使用较多的一种杂环共轭型导电高分子,通常为无定型黑色固体,是以吡咯为单体,经过电化学或化学氧化聚合制成的导电性薄膜,是一种空气稳定性好,易于电化学聚合成膜的导电聚合物。图10-3所示为吡咯的分子结构。导电聚吡咯具有共轭链氧化-对应阴离子掺杂结构,其电导率可达 $10^2 \sim 10^3$ S/cm,拉伸强度大,并具有很好的电化学氧化-还原可逆性。掺杂小阴离子的聚吡咯在空气中会缓慢老化,导致其电导率降低。掺杂大的疏水阴离子的聚吡咯能在空气中保存数年而无显著的变化。

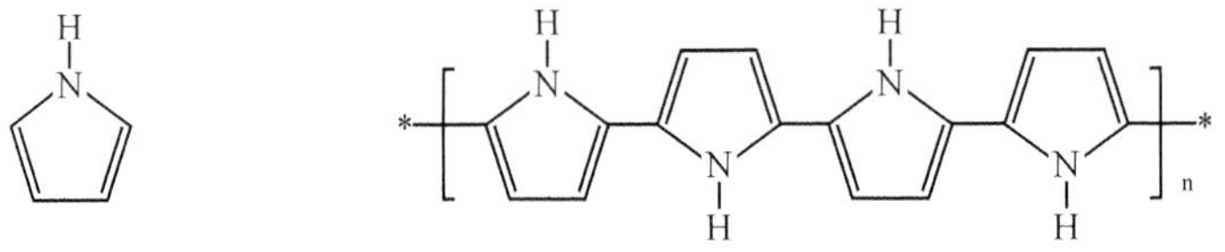

(a) 吡咯单体的分子结构　　　　(b) 聚吡咯的分子结构

图 10-3　吡咯的分子结构

电化学聚合是制备导电聚吡咯的主要方法,通常是在含吡咯的电解质溶液中,选择适当的电化学条件,使吡咯在阳极上发生氧化聚合反应。聚吡咯的形成是通过阳极偶合机理完成的。此外,有机电解液和水溶液都可以用作吡咯电化学聚合的电解液,而聚吡咯能够通过水相体系进行合成也被认为是它最大的优点之一。

本次试验采用电化学阳极氧化聚合的方法,以全氟辛基磺酸盐(TEAPFOS)的水溶液作为电解液,制备具有一定微纳米结构的导电聚吡咯,并通过扫描电子显微镜和红外光谱研究聚吡咯的微观结构和分子结构。

3. 聚吡咯电化学氧化还原控制浸润性的基本原理

电化学掺杂是指将聚吡咯置于电解液中,在不同电位下通过在电极表面的氧化和还原来分别实现聚吡咯的掺杂和脱掺杂。聚吡咯的电化学研究主要是研究聚吡咯掺杂态的还原和氧化过程。

这一反应过程可表示如下:

$$PPy^+(A^-) + C^+ + e^- \underset{P型掺杂}{\overset{脱掺杂}{\rightleftharpoons}} PPy^0(AC)$$

式中,A为大分子的阴离子,$PPy^+(A^-)$代表对阴离子为 A^- 的掺杂态聚吡咯;$PPy^0(AC)$代表中性态聚吡咯。

在本实验中,以全氟辛基磺酸盐(TEAPFOS)的水溶液为电解液,在+1.0 V电压下进行氧化掺杂,在-0.6 V电压下进行还原脱掺杂。聚吡咯在氧化电位下会被氧化而成为掺杂态,其中对阴离子是全氟辛基磺酸根。全氟辛基磺酸根中带负电荷的磺酸基团将与带正电的聚吡咯主链相结合,将疏水的全氟烷基暴露在外,形成低表面能的疏水层,同时由于其微/纳米复合的粗糙结构,使该聚吡咯表现出超疏水性。而经过电化学还原后,聚吡咯被还原,全氟辛基磺酸根离子脱掺杂,离开聚吡咯主链,亲水基团露出,使聚吡咯具有超亲水性。

主要仪器和试剂

① 仪器:量筒,称量瓶,微量进样器,饱和甘汞电极(参比电极),金片(1 cm×3 cm,工作电极),铂片(1 cm×3 cm,辅助电极),超声波清洗器,氮气瓶,静态接触角仪(OCA20),红外光谱仪(EQUINOX55),电化学工作站(CHI660D),扫描电子显微镜(JSM-6700F,JEOL)。

② 试剂:纯吡咯,全氟辛基磺酸四乙基铵盐(TEAPFOS),0.03 mol/L $FeCl_3$ 溶液。

实验内容

1. 聚吡咯薄膜的制备

(1) 配置 $FeCl_3$ 溶液

快速称取约 0.24 g $FeCl_3$,溶于 50 mL 水中,超声约 1 min 至完全分散。此时所配得溶液浓度约为 0.03 mol/L。

(2) 配置合成聚吡咯电解液

用量筒量取 15 mL 蒸馏水于反应瓶中,用微量可调移液器准确抽取 0.1 mL 吡咯,并使用分析天平称量 0.270 9 g TEAPFOS,另取已配好的 $FeCl_3$ 溶液 2 滴,依次加入称量瓶。在超声波清洗器上超声约 3 min 至完全分散。此时溶液中吡咯单体浓度为 0.1 mol/L,TEAPFOS 盐浓度为 0.028 7 mol/L,$FeCl_3$ 浓度为 $2×10^{-4}$ mol/L。

(3) 电化学合成聚吡咯

组装三电极反应装置,以金电极为工作电极,铂电极为对电极,饱和甘汞电极为参比电极。各电极之间的距离约为 1 cm,三电极反应装置如图 10-4 所示。

设定电化学工作站工作状态为恒电流,调整阳极电流为 0.4 mA,聚合时间为 1 h。经过电化学聚合过程,可以观察到金电极表面附着了一层黑色的聚合物薄膜。聚合结束后,用蒸馏水反复清洗,用氮气或氩气吹干备用。

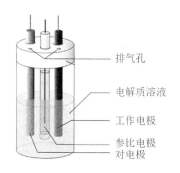

图 10-4 三电极反应装置

(4) 配置氧化-还原电解液

在等待聚吡咯生成的过程中,使用量筒量取 15 mL 蒸馏水,利用分析天平称取 0.270 9 g TEAPFOS,分别加入到另一称量瓶中;将装有溶液的称量瓶在超声波清洗器上超声约 3 min 至完全溶解。此时溶液中含有 0.028 7 mol/L 的 TEAPFOS。

2. 产物的微观结构和分子结构表征

(1) 产物的微观结构表征

使最后一次操作过程为氧化,将产物留下一部分备用,剩余部分粘于导电胶上,喷金制片。打开电脑扫描电子显微镜软件,将该电极样本置于扫描电子显微镜中,对其形貌进行观察。尝试在不同放大倍率下,观察其表面结构。

(2) 产物的分子结构表征

首先,取留下的聚吡咯,将其洗净并彻底干燥;然后将其与干燥的溴化钾按一定的比例混合均匀,在玛瑙研钵中研细、压片。利用红外光谱仪检测其红外光谱。

3. 电化学氧化还原下聚吡咯薄膜的浸润性研究

氧化-还原循环操作下接触角的测定:在三电极体系中,以测定完毕的聚吡咯薄膜为阴极,铂片为阳极,饱和甘汞电极为参比电极,以 TEAPFOS 水溶液为电解液,将电化学工作站参数设定为恒电压(Init E)+1.0 V,氧化时间为 20 min。电解完毕后取出聚吡咯薄膜,打开静态接触角仪(见图 10-5)电源,将聚吡咯薄膜放置于样品台上,进行接触角测量。将 2 μL 的水滴加到聚吡咯薄膜表面,确定液滴与薄膜的基线,读出接触角的度数。取五个点进行测量,取平均值。

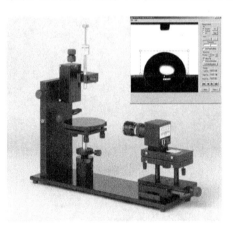

图 10-5 静态接触角仪示意图

在三电极体系中,以上述聚吡咯薄膜为阳极,其他条件不变,设定为恒电压为 -0.6 V,还原时间为 20 min。电解完毕后取出聚吡咯薄膜,使用氮气或氩气吹干,再次测定接触角。重复上述氧化-还原循环,并测定相应接触角。

实验注意事项

① 吡咯极易被氧化,使用后应及时避光并按包装要求保存,以防变色。若颜色过深,应重新蒸馏后使用。

② 三氯化铁应密闭保存,称量时一定要快速称量,以防潮解。

③ 用铁夹夹住电极时不能让铁夹底端接触电解液,以防铁夹参与电化学反应。

④ 在三电极体系中,工作电极与辅助电极、参比电极的距离和位置应保持一致,以保证反应体系的一致性。

⑤ 在测量接触角时,应保证薄膜水平放置,以免影响接触角的测量。

思考题

1. 除聚吡咯之外,常见的导电聚合物还有哪些?
2. 请解释聚吡咯电化学控制表面浸润性的基本原理?
3. 反应体系中如果存在其他无机盐阴离子,将对聚吡咯的亲/疏水性能有何影响?试从导电聚合物亲/疏水的原理进行分析。
4. 请解释聚吡咯的电化学氧化还原可逆性的基本原理。

实验 33 锂离子电池正极材料 LiFePO$_4$/C 的制备及电化学性能研究

实验目的及意义

① 掌握锂离子电池的工作原理、正极材料的种类以及常见的 LiFePO$_4$ 的制备过程,掌握 LiFePO$_4$ 材料的设计思路和方法;

② 掌握利用水热法合成 LiFePO$_4$/C;

③ 掌握利用循环伏安法判断电极过程的可逆性;

④ 了解半电池的装配过程并掌握循环伏安仪器的使用方法;

⑤ 了解生活中锂离子电池的应用场景及使用方法,思考该如何避免锂离子电池在使用过程中所造成的污染问题。

实验原理

随着各种便携式电子产品的日益普及,电池作为一种方便携带的电源设备日益受到关注。我国是电池生产与消费大国,每年产生的废旧一次性电池,以及氢镍和镉镍电池中含有的重金属镍、镉等都将对环境造成极大的污染。面对全球对环保越来越严格的要求,发展绿色能源迫在眉睫。锂离子电池作为一种新的绿色能源,自出现以来就以其独特的优点受到人们的广泛关注。锂离子电池具有电压高、比能量大、无污染、无记忆效应和寿命长等优点,广泛用于移动电话、数码相机和笔记本电脑等便携式电器装置,同时作为石油的替代能源,在电动车及混合电动车上也将得到大规模应用。

含锂无机盐作为锂离子电池的正极材料,目前研究较多的有以下 4 种:钴酸锂(LiCoO$_2$)、镍酸锂(LiNiO$_2$)、锰酸锂(LiMn$_2$O$_4$)和磷酸铁锂(LiFePO$_4$)。其中,应用最为广泛的钴酸锂,因价格昂贵、钴有毒和安全性差等缺点,限制了它的大规模应用;镍酸锂的制备困难,热稳定性差;锰酸锂的合成工艺相对简单、成本较低,但是高温条件下容易发生分解,这不仅影响电池性能,还可能降低其安全性;磷酸铁锂作为新一代锂离子电池正极材料,理论容量是 170 mA/hg,相对于金属锂负极的稳定放电平台在 3.4 V 左右,具有非常高的能量密度,同时,磷酸铁锂因廉价、对环境友好、安全性好以及寿命长等优点,成为近几年锂离子电池正极材料研究的焦点,被认为是极有应用潜力的锂离子电池正极材料,尤其满足动力电池的要求。

磷酸铁锂材料也存在缺点:① 材料的电导率很低,不利于可逆反应,特别是高倍率放电的进行;② Li$^+$ 的扩散速率慢;③ 合成理想的 LiFePO$_4$ 不容易,因为在合成时要防止 Fe^{2+} 被氧化为 Fe^{3+}。由于上述问题的存在,限制了 LiFePO$_4$ 的大规模应用。

从目前的研究成果来看,改进 LiFePO$_4$ 性能的主要途径有:① 改进合成方法,降低材料粒径,使其电子电导率得以提高,从而改善其电化学性能,特别是高倍率放电性能;② 在合成材料时加入适量导电碳材料;③ 掺杂金属元素,大幅度提高电子电导率。

根据 $LiFePO_4$ 材料存在的问题和改进途径,本实验主要采用水热法制备碳包覆的 $LiFePO_4$,并考察 $LiFePO_4/C$ 材料的可逆性。

材料的制备方法对材料的电化学性能有很大影响。本实验采用水热法合成 $LiFePO_4/C$ 材料。水热法又称热液法,属于液相化学方法的范畴,是指在密闭的压力容器中,以水为溶剂,在高温高压(温度为 100～1 000 ℃、压力为 1 MPa～1 GPa)的条件下进行的化学反应。在高温高压的水溶液中,许多化合物表现出与常温下不同的性质,如溶解度增大、离子活度增加、化合物晶体结构易转型等。并且水热反应的均相成核及非均相成核机理与固相反应的扩散机理不同,因而水热反应不仅可以替代某些高温固相反应,而且可以制备出其他方法无法制备的新化合物和新材料。水热法制备的材料的优点是粒子纯度高、分散性好、晶形好且可控制、生产成本低。用水热法制备的粉体一般无需烧结,以免在烧结过程中晶粒长大或混入杂质。影响水热合成的因素有温度、升温速率、搅拌速率以及反应时间等。水热反应依据反应类型的不同可分为水热氧化、水热还原、水热沉淀、水热合成、水热水解、水热结晶等。

在水热条件下,在水热反应中添加聚乙烯醇(PVA)分散剂,制得颗粒小且粒径分布均匀的 $LiFePO_4$ 前驱体,并在煅烧处理时加入葡萄糖,使 $LiFePO_4$ 颗粒表面形成包覆碳,从而提高材料的导电性。反应方程式为

$$FeSO_4 + H_3PO_4 + 3LiOH \Longrightarrow LiFePO_4 + Li_2SO_4 + 3H_2O$$

$$C_6H_{12}O_6 \Longrightarrow 6C + 6H_2O$$

$LiFePO_4/C$ 材料的电化学性能研究主要是利用循环伏安法测其电极过程的可逆性。循环伏安法是利用电极电位与溶液中某组分(或某些组分)浓度的相关性,通过电解过程中所得到的电流-电压曲线进行定量分析的方法,其使用的极化电极是固体或表面不能自动更新的液体电极。电极电位是通过测定置于溶液中的工作电极和参比电极之间的电位差获得的。工作电极是指电极电位随待测对象浓度变化的电极,参比电极是在测定过程中电位保持恒定的电极。

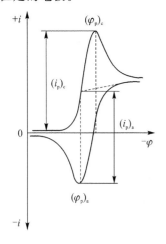

图 10-6 循环伏安图

与单扫描极谱法相似,循环伏安法在工作电极上施加一个线性变化的扫描电压,当到达设定的终止电压后,再反向回扫至某设定的起始电压。典型的循环伏安图如图 10-6 所示。

进行正向扫描时,若溶液中存在氧化态 O,电极上将发生还原反应:

$$O + ze \Longrightarrow R$$

反向回扫时,在电极附近聚集的还原态 R 将发生氧化反应:

$$R \Longrightarrow O + ze$$

从循环伏安图可获得氧化峰电流 i_{pa} 与还原峰电流 i_{pc},

氧化峰电位 φ_{pa} 与还原峰电位 φ_{pc}。

对于可逆体系，氧化峰电流 i_{pa} 与还原峰电流 i_{pc} 绝对值的比值为

$$\frac{i_{pa}}{i_{pc}} = 1$$

氧化峰电位 E_{pa} 与还原峰电位 E_{pc} 电位差为

$$\Delta\varphi = \varphi_{pa} - \varphi_{pc} = \frac{RT}{nF} \approx \frac{0.058}{n}(V) \quad (T = 298\ K)$$

条件电位 φ^{s^-}：$\varphi^s = (\varphi_{pa} + \varphi_{pc})/2$

由此可判断电极过程的可逆性。

主要仪器和试剂

① 仪器：反应釜，管式炉，烘箱，真空干燥箱，玛瑙研钵，电化学工作站及三电极系统，手套箱，封口机。

② 试剂：$FeSO_4 \cdot 7H_2O$，H_3PO_4，$LiOH \cdot H_2O$，PVA，葡萄糖，蒸馏水，乙醇，乙炔黑，聚偏氟乙烯（PVDF），N-甲基吡咯烷酮（NMP），Celgard 2400 隔膜，碳酸乙烯酯（EC）/碳酸二甲酯（DMC）（体积比为 1∶1，1.0 mol/L $LiPF_6$）。

实验内容

1. 水热法制备 LiFePO₄/C 材料

将 $FeSO_4 \cdot 7H_2O$、H_3PO_4 和 $LiOH \cdot H_2O$ 按反应式计量比为 1∶1∶3 定量抽取，PVA 的加入量为 $LiFePO_4$ 前驱体理论产量的 1%（质量分数）。反应物溶液在聚四氟乙烯反应罐中均匀混合后，迅速将其密封在不锈钢套中，放在烘箱 150 ℃下加热 8 h，自然冷却后，将沉淀物用蒸馏水反复洗涤、离心，并在真空干燥箱中 60 ℃烘干，即得到 $LiFePO_4$ 前驱体。然后把前驱体和葡萄糖溶液混合均匀，在氩气气氛中于 600 ℃煅烧 6 h，制得 $LiFePO_4$/C 复合材料。

2. 工作电极的制作

本实验所用电池为 CR2032 型扣式电池，用镊子将铜片集流体、隔膜裁成不同直径的铜片和隔膜，铜片经过洗液抛光，然后用蒸馏水清洗，隔膜用乙醇超声处理。

以 $LiFePO_4$ 材料为正极材料，乙炔黑为导电剂，聚偏氟乙烯为粘结剂，将电极各组分按活性材料、乙炔黑、粘结剂的质量比为 8∶1∶1 在 N-甲基吡咯烷酮中调成糊状，均匀涂在铜片上，在 120 ℃下真空干燥 8 h，制得工作电极，单位面积质量约为 4 mg/cm²。

3. 电池的装配和循环伏安测试

在充满氩气的手套箱中进行电池装配。将称量出活性材料质量的铜片放入手套箱。以工作电极为正极，金属锂片为对电极，Celgard 2400 为隔膜，碳酸乙烯酯/碳酸二甲酯（体积比为 1∶1）+1.0 mol/L $LiPF_6$ 为电解液，利用封口机装配成半电池。

以 $LiFePO_4$ 材料为工作电极，金属锂为对电极和参比电极，分别以 0.1 mV/s、1 mV/s、5 mV/s 的扫描速率，从 2.0～4.4 V 扫描，记录循环伏安图。

实验注意事项

① 使用手套箱时应先戴一次性手套,再穿戴橡胶手套,最后橡胶手套外层再戴一次性手套,以防样品污染橡胶手套。

② 打开气路控制阀,将样品仓充气到常压,置入样品,关闭舱门,然后抽真空、补气 3 次(每次气压低于 -1 bar),再将样品放到手套箱中,最后,将样品仓抽真空。注:1 bar $=$ 100 kPa。

思考题

1. 什么是水热合成?水热合成的特点是什么?影响水热合成的因素有哪些?
2. 简述电池的分类及锂离子电池的工作原理。
3. 如何用循环伏安法判断电解过程的可逆性?

实验 34　染料敏化太阳能电池的制备和性能测定

实验目的与意义

① 通过实际动手操作,了解染料敏化太阳能电池的结构和工作原理;

② 了解表征太阳能电池性能的主要指标参数,以及各指标参数的测量方法、原理和所用的仪器;

③ 了解不同应用场景下太阳能电池的类型及工作机制。

实验原理

1. 太阳能电池的性能参数及测试方法

表征太阳能电池性能最重要的参数是光电转换效率。光电转换效率(η):表示光能转换为电能的比率,$\eta = P_{out}/P_{in}$,其中,P_{in} 为照射在电池表面的太阳光强;P_{out} 为最大的输出电功率。在相同的电池面积和光照条件下,光电转换效率越高,发出的电能越多,发电成本越低。太阳光强在不同的时间和不同的地区是不同的。为了方便测试与比较,国际上给出了不同情况下的标准太阳光谱。标准太阳光谱给出了总的辐照强度(光强,mW/cm^2)及各波长范围内的强度分布。这些情况用 AM(Air Mass)后接数字表示,如 AM0、AM1.0、AM1.5 等。AM0 表示的是地球附近外太空的情况,总光强为 1 353 W/m^2,用于测试卫星和宇宙飞船上的太阳能电池板。AM1.0 表示的是无云晴朗的天气时太阳直射在海平面高度地表的情况。当太阳光入射角与地面成夹角 θ 时,在海平面高度,大气质量为 AM$=1/\cos\theta$。当 $\theta = 48.2°$ 时,大气质量为 AM1.5,其光强为 1 kW/m^2,这是目前最常用的太阳能电池和组件效率测试时的标准。在室外测试会受到天气等多种因素的影响,因此大多数情况都是在室内测试。测试用的光源称为太阳能模拟器。太阳能模拟器可以根据需求更换滤色片,模拟不同的 AM 光谱。

太阳能电池有较大的内阻,因此在不同的外电路、不同的外负载条件下输出功率是不同的。为了获得太阳能电池的最大输出功率,需要测量一系列不同实验条件下的输出功率。通常采用的测量方法有两种:一种是变电阻测试法,另一种是变电压测试法。由于仪器电子化技术的发展,现在基本都采用变电压测试法。在变电压测试法中,仪器自动改变电池两端的电压,并测量在不同电压下电池输出的电流。这样就可以得到一条电流-电压关系曲线,也称为 $I-V$ 曲线。为了便于比较不同面积电池的性能,通常将电流除以电池的面积,得到电流密度-电压曲线,也称为 $J-V$ 曲线,如图 10-7 中的黑色曲线所示。从 $I-V(J-V)$ 曲线可以得到太阳能电池的以下参数。

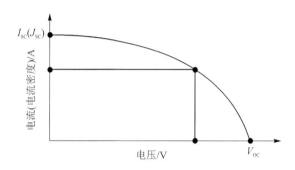

图 10-7 太阳能电池的电流电压特性曲线

① 开路光电压(V_{OC}):在开路情况下太阳能电池的电压,单位为 V 或 mV,为图 10-7 中 $I-V(J-V)$ 曲线与横轴的交点。

② 短路光电流(I_{SC}):是指在短路情况下太阳能电池的电流,为图 10-7 中 $I-V$ 曲线与纵轴的交点。

③ 短路光电流密度(J_{SC}):是指单位面积的短路光电流,单位通常是 mA/cm^2,为图 10-7 中 $J-V$ 曲线与纵轴的交点。

综上所述,开路光电压、短路光电流是表征太阳能电池性能的重要参数。

2. 染料敏化太阳能电池的结构和工作原理

染料敏化太阳能电池的主要结构和工作原理如图 10-8 所示。它主要由五部分组成:① 透明导电基底(一般为 FTO(掺氟的氧化锡)或 ITO(掺铟的氧化锡));② 多孔半导体纳晶薄膜(一般为 TiO_2);③ 染料光敏剂(其最低未占分子轨道(LUMO)能级要高于半导体的导带);④ 含有氧化还原电对的电解质;⑤ 对电极。

从染料敏化太阳能电池的工作原理可知,电池的各组成部分都会对其性能产生重要影响。

主要仪器和试剂

① 仪器:太阳能模拟器,数字源表,IPCE 测试系统,标准太阳能电池,平板加热器,玻璃

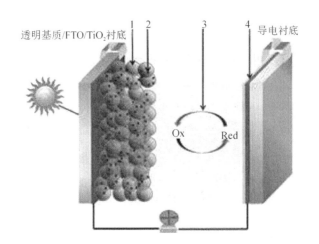

1—TiO_2 纳晶薄膜;2—染料;3—氧化还原电解质;4—对电极

图 10-8 染料敏化太阳能电池的主要结构和工作原理

棒,洗耳球,FTO 导电玻璃,铂对电极,3M 胶带。

② 试剂:二氧化钛胶体,N3 染料,电解质,异丙醇,氮气,无水乙醇。

实验内容

1. 工作电极的制备

将处理过的 FTO 导电玻璃从异丙醇溶液中取出并用氮气吹干,用 3M 胶带粘住 FTO 导电玻璃的两边,在玻璃中间滴上 12%(质量分数)的二氧化钛胶体,用玻璃棒将胶体涂匀,然后将玻璃棒压在胶带上,从一端向另一端迅速移动,将多余的胶体刮走,从而在 FTO 导电玻璃上形成一层均匀的薄层,上述方法又称为刮涂法。将涂好的电极室温干燥后放在平板加热器上,在 450 ℃ 下加热 30 min。

将上述制备的 TiO_2 纳晶薄膜从平板加热器上取出后,放入 5×10^{-4} mol/L N3 染料的无水乙醇溶液中,吸附 2 h。吸附完成后,取出用无水乙醇冲洗去掉物理吸附的染料后的 TiO_2 纳晶薄膜,用洗耳球吹干,即得染料敏化 TiO_2 纳晶多孔薄膜电极。

2. 电池的组装

将电解质滴加到染料敏化 TiO_2 纳晶多孔薄膜电极中,使其完全渗透到多孔薄膜工作电极中。然后将铂对电极盖于工作电极上,放在测试台上并旋紧固定螺丝,即组装成三明治结构的染料敏化太阳能电池。

3. 光电性能的测量

光电流-光电压特征曲线用数字源表在室温下进行测量。光源为太阳能模拟器,入射光强为 100 mW/cm^2,采用标准太阳能电池校准光强。光从 TiO_2 纳晶多孔薄膜电极方向入射,光照面积为 0.2 cm^2。IPCE 采用自制的测试系统进行。两种测试均由计算机自动控制进行。

4. 结果与讨论

根据 I-V 曲线给出功率曲线,并求出太阳能电池的短路光电流、开路光电压。

实验注意事项

① 平板加热器和光源温度较高,小心烫伤。
② 测试时不要长时间直视光源。
③ 光源关闭后,要保持风扇开启,使其冷却一段时间。

思考题

1. 影响太阳能电池大规模应用的因素有哪些?
2. 为什么太阳能电池的理论光电转换效率在不同的文献中是不同的?这些理论转换效率的计算依据和前提是什么?太阳能电池的理论最高光电转换效率是多少?目前的实际最高效率是多少?
3. 单晶硅太阳能电池的理论最高转换效率是多少?实验室最高效率是多少?工厂的电池效率是多少?对此现象你有什么看法?

第五部分 虚拟仿真化学实验

第 11 章　仿生材料的设计与性能研究

实验 35　仿生超疏水界面的探究与设计

实验目的与意义

① 学习典型生物体超疏水界面的结构与浸润性质；
② 了解超疏水界面的基本理论，以及超疏水界面材料的设计原理；
③ 掌握仿生设计制备超疏水界面材料的方法；
④ 了解仿生超疏水界面材料的典型应用领域；
⑤ 学习仿生超疏水界面材料表征与制备中常用仪器的原理和使用方法。

实验原理

1. 仿生超疏水材料简介

江雷院士通过对自然界中超浸润界面材料微观结构的深入研究，揭示了生命体系内具有超浸润界面性质的机理，提出了超浸润纳米界面材料的设计思想，取得了有创新意义的仿生超浸润界面材料体系研究成果，并已成为化学、材料、生命和物理等学科交叉研究的热点之一。图 11-1 所示为自然界的超浸润性示例。

(1) 荷叶的自清洁效应

润湿性是固体材料表面的重要性质，决定润湿性的关键因素是材料表面的微观结构和化学组成。荷叶表面的微纳米结构与低表面能的蜡质，使水滴在其表面无法铺展而保持球形滚动，显示出超疏水自清洁的效果。荷叶表面的自清洁现象被称为"荷叶效应"。

(2) 自然界常见的超疏水现象

玫瑰花瓣表面存在微米乳突，乳突上纳米尺度的折叠结构，使其具有超疏水性。但水可以刺入微米乳突间，使得玫瑰花瓣具有超疏水高粘附特性，这一现象被称为"花瓣效应"。壁虎脚的表面具有排列良好的微米刚毛，刚毛的末端由上百个更小的纳米尺度末端组成。壁虎脚具有超疏水、高粘附特性，使得壁虎可以在光滑的墙面高速灵活地移动。蝴蝶翅膀存在大量的沿着轴心放射方向定向排列的微纳米结构的鳞片，使得水滴容易沿着放射方向滚走，而会在相反方向嵌住，这种各向异性的浸润性，保证了蝴蝶飞行时的稳定性，避免了灰尘的堆积。

图 11-1　自然界的超浸润性示例

2. 固体表面浸润性的基础知识

浸润性:液体在固体表面的润湿性质。

接触角:度量固体表面的润湿性程度。当液滴接触到固体表面时,液滴不会在固体表面完全铺展,液滴边缘与固体表面之间会呈现出一定的角度,这个角度被称作接触角。图11-2所示为浸润性与接触角的关系。

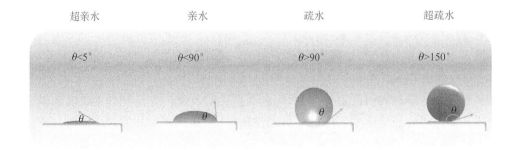

图 11-2　浸润性与接触角的关系

3. 制备仿生超浸润界面材料可采用复型法或模板法

(1) 复型法

将高分子溶液倒置在洗干净的生物超浸润材料表面,然后经去气泡、干燥后,揭下得到一次复型的薄膜,再用同样的方法在一次复型的薄膜上经二次复型得到具有与生物超浸润材料相同结构的材料。图11-3所示为复型法流程图,图11-4所示为利用复型法仿制的玫瑰花瓣的结构。

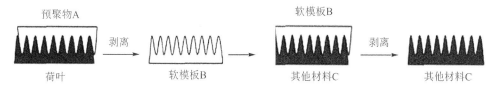

图 11-3 复型法流程图

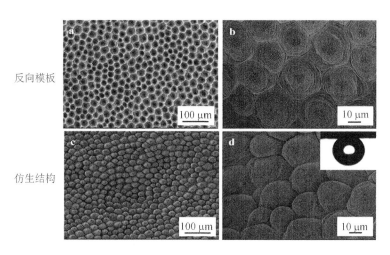

图 11-4 利用复型法仿制的玫瑰花瓣的结构

(2) 模板法

将模板(无机膜或者高分子膜,如阳极氧化的氧化铝(AAO)模板或者聚碳酸酯等)置于配置好的无机、有机、高分子等材料溶液中,使溶液通过毛细作用进入到模板内,取出模板,经干燥、去模板后得到具有与生物材料类似结构的超浸润界面材料。图 11-5 所示为利用模板法制备的超疏水高粘附的壁虎脚的示意图。

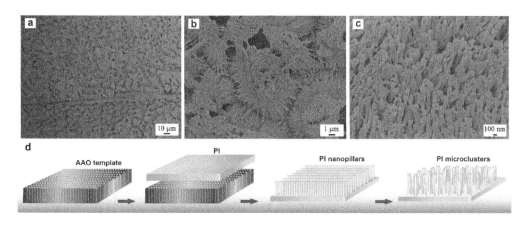

图 11-5 利用模板法制备的超疏水高粘附的壁虎脚

主要仪器和试剂

① 仪器:扫描电子显微镜(SEM),接触角仪,冷冻干燥机,真空干燥箱,真空干燥器,微量进样器,冻干瓶,培养皿,剪刀,镊子,烧杯,离心管,载玻片,胶头滴管。

② 试剂:生物样品(荷叶、玫瑰花、蝴蝶、水黾、蚊子、壁虎),液氮,硅橡胶,氧化铝模板,聚二甲基硅氧烷(PDMS),氟硅烷。

实验内容

按照软件的操作指南进行实验,每个模块包含不同内容。

模块一:自然界生物体超疏水界面的结构与性能

按照软件的操作指南进行实验,本模块包括:通过冷冻干燥制备荷叶样品;样品喷金,使用 SEM 观察荷叶的微纳米结构;使用接触角仪进行荷叶的浸润性研究;同理,观察其他生物样品的微纳米结构并进行浸润性研究。

模块二:超疏水界面性质的理论模型

按照软件的操作指南进行实验,本模块主要学习浸润性的相关理论。

模块三:仿生制备超疏水界面材料以及应用研究

按照软件的操作指南进行实验,本模块包括:采用复型法或模板法制备仿荷叶、仿玫瑰花瓣、仿壁虎脚、仿蚊子复眼、仿蝴蝶翅膀材料;利用 SEM 表征微观结构;测定静态接触角和滚动角;了解仿生超疏水界面材料的典型应用领域。

实验注意事项

按照软件的操作指南进行实验。

思考题

1. 荷叶为何"出淤泥而不染"?
2. 举例说明自然界常见的超疏水现象。
3. 什么是接触角、滚动角?
4. 如何采用复型法制备仿生超浸润界面材料?举例说明超疏水材料的典型应用。

实验36 航空飞行器仿生疏水表面构筑及其防覆冰实验

实验目的与意义

① 深入理解仿生疏水涂层的防/除覆冰基本原理;

② 理解疏水涂层防/除覆冰界面材料的设计与制备；
③ 系统研究疏水涂层防/除覆冰界面的性能；
④ 探索飞行器防冰与除冰性能；
⑤ 学习疏水涂层防覆冰界面材料表征与制备中常用仪器的原理和使用方法。

实验原理

1. 疏水涂层防覆冰界面及表征基本原理

部分自然生物在适应环境的过程中，进化出了具有特殊浸润性的表面。受自然生物启发，科学家研制出许多具有特殊浸润性的材料，如亲水、疏水、超滑表面材料等，其具有优异的自清洁、防冰/抗冰、防污、减阻等功能。

北京航空航天大学化学学院江雷院士团队，以二十多年积累的仿生特殊浸润界面材料的原创科研成果为基础，结合学校航空航天特色，提炼开发了具有自主知识产权的航空飞行器仿生疏水表面的构筑及其防覆冰虚拟仿真实验教学项目。

(1) 浸润性理论分析

分析涂层的浸润性。为了减少液滴的横向粘附，需要减小接触角滞后，即前进接触角 θ_a 和后退接触角 θ_r 之间的差值，横向移动液滴所需的力 F_C 由式(11-1)给出：

$$F_C = \omega \gamma_L k (\cos\theta_r - \cos\theta_a) \tag{11-1}$$

式中，ω 是液滴接触面积的宽度；γ_L 是液滴中液体的表面张力；k 是一个几何因子（$k \approx 1$），它取决于液滴的形状。为了实现低滑动角度并减少液滴滑动所需的重力，前进和后退接触角之间的差值应尽可能小。

此外，对于光滑的固体表面，冰粘附强度（τ_{ice}）与表面润湿性成正比，由式(11-2)可知：

$$\tau_{ice} = B\gamma_{LV}(1+\cos\theta_r) \tag{11-2}$$

式中，B 为比例常数；γ_{LV} 为水的表面张力；θ_r 为水的后退接触角。可见，当 $\theta_r > 90°$ 时，表现为疏水涂层，涂层表面越疏水，τ_{ice} 越小，越有利于除冰。

(2) 力学性能分析

通常来说，涂层表面的除冰过程可以被假设为刚性冰附着在弹性体上并施加除冰力（F_{ice}）的过程。Chaudhury 等人根据格里菲斯断裂理论，推导出冰块与弹性涂层之间的冰粘附强度（τ_{ice}）具有如下关系：

$$\tau_{ice} \propto \frac{a}{l}\sqrt{\frac{W_{ad}G}{t}} \tag{11-3}$$

式中，a 是冰块的边长；l 是从力探针与冰块的接触点到涂层表面之间的距离；W_{ad} 表示粘附功；G 和 t 分别表示涂层的弹性模量和涂层的厚度。由此，不难推断出弹性模量的降低可以有效降低涂层的冰粘附强度。一些研究证实，降低涂层的弹性模量对增强涂层的除冰性能（强度控制状态下）有积极的影响。然而，在实验室测试阶段中，除冰过程仅为小面积除冰，并不适用于大规模除冰。随着结冰区域的不断增加，存在一个临界长度 L_C，当冰的尺寸大于临界长度时，涂层的除冰性能由界面韧性控制，假设涂层在剪切力作用下具有线弹性行

为,并且符合内聚力定律,涂层的界面韧性可由下式来评估:

$$\Gamma \approx \frac{\hat{\tau} t}{2G} \quad (11-4)$$

式中,G 表示弹性模量;$\hat{\tau}$ 表示界面剪切强度;t 表示涂层的厚度;Γ 表示涂层的界面韧性。因此,仅增加涂层的弹性模量将导致在增强冰的粘附强度的同时也降低了界面韧性,这两者显然是矛盾的。此外,除了涂层的弹性模量,塑化程度、涂层厚度、粗糙度等也可以共同影响界面韧性。对于 L-SGP 涂层而言,可以通过将硅油作为 PDMS 网络的塑化剂来降低涂层的界面韧性,弹性模量和界面韧性的协同作用可实现 L-SGP 涂层在不同除冰规模情景中的应用。

(3) 防冰性能分析

通过冰核的形成机理来解释为何 L-SGP 具有更好的冰核抑制性能。根据经典热力学成核理论,冰核的形成和生长需要克服势垒从而产生相变,而冰核的自由能势垒(ΔG)可近似为

$$\Delta G = \frac{16\pi \gamma_{LV}^3}{3 \Delta G_V^2} \frac{(2+\cos\theta)(1-\cos\theta)^2}{4} \quad (11-5)$$

式中,γ_{LV} 为气-液界面能;ΔG_V 为界面能外单位体积的自由焓;θ 为接触角。由此可见,ΔG_V 是 θ 的单调递增函数,这就意味着想要在具有更大 θ 的表面成核需要更高的自由能势垒。因此,采用疏水涂层更有利于延长结冰时间。

(4) 除冰性能分析

冰粘附强度(τ_{ice})可以通过自制的除冰系统测量,用来评估涂层的除冰性能。该除冰系统包括高精度半导体恒温台(SLTD3-1000)、电动卧式测试台(WDM-500)和力传感器(HP-500)。具体来说,首先使用导热胶(3M 公司)将涂层固定在冷却台上,将中空圆柱形比色皿(直径 3 cm)置于涂层表面,实验装置图如图 11-6 所示。然后,将 3 mL 去离子水添加到比色皿中,并在干燥 N_2 气流中置于 -20 ℃ 的冷却台上 1 h 以上,以确保其完全冻结并附着在涂层表面。完全冷冻 1 h 后,移动力探头,使其以 0.5 mm/min 的固定速度推动冰块,直至冰层从涂层表面完全脱离。为防止产生剧烈的力矩,力探头最低点与涂层之间的距离应约为 1.0 mm。从力探针和冰的接触开始,直至涂层-冰界面的完全分层,记录除冰力(F_{ice})。冰粘附强度(τ_{ice})按下式计算:

$$\tau_{ice} = \frac{F_{ice}}{A} \quad (11-6)$$

式中,A 是冰与样品表面之间的接触面积。冰粘附强度由五次独立测量的平均值确定。

(5) 界面韧性测试

为了测量冰-涂层界面的界面强度和界面韧性,使用 3D 打印制备了具有相同宽高(1 cm×2.5 cm)、不同长度($L=3,4,6,8,9,10,12,15,20$ cm)的模具。随后,将去离子水分别添加到上述尺寸的 3D 打印模具中,控制形成冰的厚度为 5 mm。在 -20 ℃ 下,涂层表面形成冰层。力探头沿长度方向水平冲击冰层,记录导致界面完全脱离所需的除冰力(F_{ice})。所有测量均在相对湿度≤80%并暴露于环境空气的情况下进行。报告的数值由至少三次独立测

第 11 章 仿生材料的设计与性能研究

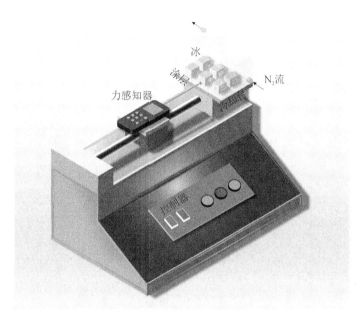

图 11-6 实验装置图

量的平均值和标准偏差决定。当 F_{ice} 随着界面长度的增加而保持不变时,平均恒定除冰力 $\overline{F}_c$ 根据下式计算:

$$\overline{F}_c = \frac{\sum_{1}^{n} F_c}{n} \tag{11-7}$$

式中,n 是恒定除冰力的数量,$\overline{F}_c$ 为恒定除冰力。

根据 Golovin 等人的报告,界面剪切强度($\hat{\tau}$)是根据 F_{ice} 对 L 图(图 11-7)的强度控制区域中拟合线的斜率计算的。通过该线性拟合与韧性控制区域中其余数据点的平均值的交点来估计临界长度(L_c)。F_{ice} 随界面长度 L 线性增加,直到达到临界长度 L_c。当 $L>L_c$ 时,界面韧性(Γ)在断裂中起主导作用,其可以通过下式计算:

$$\Gamma = \frac{\overline{F}_c^2}{2E_{ice}h} \tag{11-8}$$

式中,h 是冰的厚度($h \approx 5$ mm);E_{ice} 是冰的弹性模量($E_{ice} \approx 8.5$ GPa)。

(6) 大面积除冰分析

与实验室中 cm^2 级的样品相比,工程应用表面(如飞机和风力涡轮机)通常面积达几 m^2。图 11-7 为常规疏冰表面的除冰力与结冰面积的关系,从图 11-7 可以看出,在小面积结冰时,结冰强度与除冰力的关系

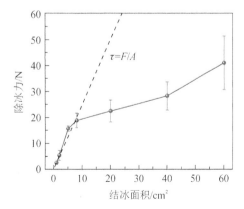

图 11-7 常规疏冰表面的除冰力与结冰面积的关系

符合公式(11-6)。然而,随着结冰面积的扩大,除冰力偏离预期值。这是因为在大面积除冰中,冰与涂层界面间存在许多缺陷,易引发微裂纹效应。裂纹在应力集中下迅速扩展,导致冰附着强度与结冰面积无关。图11-8为L-SGP-50涂层上除冰力与界面长度的关系,可以看出其临界长度约为16.2 cm。除冰力(F_{ice})与界面长度(L)呈线性相关,属于强度控制区,可通过计算斜率得到界面剪切强度($\bar{\tau}$)。当界面长度超过16.2 cm后,F_c与L无关,进入韧性控制区。由于L-SGP-50涂层软硬段的存在易于在冰-涂层界面形成裂纹,提高裂纹的萌生和扩展能力,在大面积结冰条件下表现出优异的除冰性能。

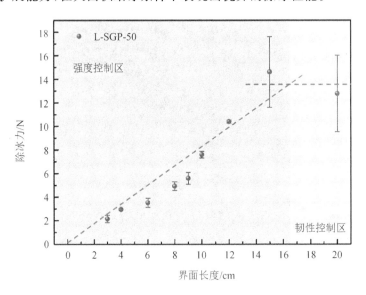

图11-8 L-SGP-50涂层上除冰力与界面长度的关系

2. 制备疏水涂层防覆冰界面

(1) 样品预处理

将6061铝合金航空板材切割成5 cm×5 cm大小,依次用240♯、400♯和800♯砂纸进行打磨,然后将其分别放入装有丙酮、乙醇和去离子水的烧杯中,利用超声波清洗机超声清洗10 min,并在N_2气氛下进行干燥。

(2) SGP杂化聚合物的合成

将若干份质量分数为20%的PHPS二丁醚溶液与乙酸丁酯溶液按质量比1:1加入到三口烧瓶中,分别加入不同质量比的V-PDMS溶液,配制成质量分数为10%的均匀溶液,通N_2 30 min以排尽反应体系中的空气。加入一定量的Karstedt's催化剂(溶液浓度为10 ppm),60 ℃下进行磁力搅拌,反应24 h,反应结束后,获得SGP杂化聚合物溶液。SGP的反应过程如图11-9所示。

(3) L-SGP涂层溶液的制备

基于上述合成的SGP杂化聚合物溶液,将一定量的硅油分子加入到上述反应溶液中,随后超声处理30 min,磁力搅拌2 h,得到含有不同硅油分子加入量的L-SGP-X涂层溶液,其中,X为硅油分子相对于SGP的质量分数(X=20,30,40,50,60)。

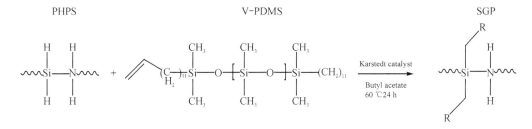

图 11-9　SGP 的合成示意图

(4) 涂层的制备

分别将 PHPS 溶液和上述 L-SGP-X 涂层液在 0.2 MPa 的压缩空气下使用喷枪喷涂到预处理后的 Al 合金基板上，样品与喷枪间的距离为 10 cm。室温干燥 30 min 后，再在 60 ℃下固化 12 h，分别得到 PHPS 和 L-SGP-X 涂层。

(5) 测试及表征

① 涂层浸润性表征。

使用 DSA 100 测量不同涂层表面的水滴接触角，液滴大小为 5 μL，用 Circle 圆形法（液滴高度/宽度法）拟合液滴轮廓，测试结果取样品表面 5 个不同位置测试结果的平均值。

② 涂层表面形貌分析。

利用 SEM 获得防覆冰涂层的表面形貌，为保证涂层样品导电，所有样品均需在测试前喷金 60 s，并选择一定的加速电压进行测试。利用 AFM 观测涂层的表面形貌，以轻敲模式对涂层表面 5 μm × 5 μm 的区域进行微观形貌分析。

③ 涂层表面防覆冰性能表征。

在与高分辨 CCD 相机耦合的冷却台上测量冻结延迟时间（T_d），用来评估涂层的防冰性能。将样品固定在冷却台上，温度保持 -15 ℃。在样品表面滴加固定体积的水滴（5 μL）并通过高分辨 CCD 摄像机记录冻结过程。T_d 被定义为从水滴开始与涂层表面接触到出现小的尖锐水滴尖端的时间。每种涂层至少重复 3 次实验，并取平均值。

④ 涂层的除冰性能表征。

通过自制的除冰系统测量冰粘附强度（τ_{ice}），用来评估涂层的除冰性能。该系统包括高精度半导体恒温台、电动卧式测试台和力传感器。具体来说，首先使用导热胶将涂层固定在冷却台上，将中空圆柱形比色皿（直径 3 cm）置于涂层表面。然后，将 3 mL 去离子水添加到比色皿中，并在干燥 N_2 气流中置于 -20 ℃的冷却台上 1 h 以上，以确保其完全冻结并附着在涂层表面。完全冷冻 1 h 后，控制移动力探头以 0.5 mm/min 的固定速度推动冰块，直至冰层与涂层表面完全脱离。为防止产生剧烈的力矩，力探头最低点与涂层之间的距离应约为 1.0 mm。从力探针和冰的接触开始，直到涂层-冰界面的完全分层，记录最大剪切力（F_{ice}）。

主要仪器和试剂

① 仪器：紫外分析仪，数码相机，DSA 100 接触角测量仪，扫描电子显微镜（SEM），激光

切割机,原子力显微镜(AFM),高精度半导体恒温台(SLTD3-1000),电动卧式测试台(WDM-500)和力传感器(HP-500),烧杯,超声波清洗机,三口烧瓶,喷枪,磁力搅拌器,磁转子,镊子,砂纸(240♯,400♯和800♯),6061铝合金航空板材(厚度:1 mm)。

② 试剂:全氢聚硅氮烷(PHPS,20 wt%),单端双键封端聚二甲基硅氧烷(V-PDMS,600 CP),Karstedt's 催化剂(2% Pt),乙酸丁酯(99%),无水乙醇(99%),丙酮(99%),高纯氮气(99.99%)。

实验内容

本项目主要包括3个实验模块:

模块一:仿生疏水表面的制备与结构表征

按照软件的操作指南制备疏水涂层样品,本模块包括样品的预处理、杂化聚合物的合成、涂层的喷涂和固化,以及使用 SEM、AFM 等工具观察疏水涂层的微观结构。

模块二:仿生疏水表面的机械性能与稳定性测试

按照软件的操作指南进行疏水涂层的机械性能测试,本模块包括涂层的表面硬度、耐磨性、耐腐蚀性等机械性能的测试,以及对涂层进行长期暴露实验,评估其在不同环境条件下的稳定性。

模块三:仿生疏水表面的防冰性能与风洞实验

按照软件的操作指南进行疏水涂层的防冰性能测试,本模块包括涂层的冻结延迟时间(T_d)和冰粘附强度(τ_{ice})等防冰性能的测定,以及在风洞环境中对涂层进行飞行器防冰效果的模拟测试,评估其在实际使用条件下的性能表现。

实验注意事项

按照软件的操作指南进行实验。

思考题

1. 为何需要进行样品的预处理和杂化聚合物的合成?这对于最终涂层的性能有何影响?
2. 机械性能测试中的表面硬度、耐磨性和耐腐蚀性测试分别代表涂层的哪些性能?
3. 如何通过防冰性能测试评估涂层的实际效果?冻结延迟时间和冰粘附强度分别反映了涂层的哪些特性?
4. 仿生疏水表面的制备与性能测试是如何结合的?
5. 影响仿生疏水表面在防冰应用中的关键因素有哪些?

参考文献

[1] Zeng C, Shen Y, Tao J, et al. Rationally Regulating the Mechanical Performance of Porous PDMS Coatings for the Enhanced Icephobicity toward Large-Scale Ice[J]. Langmuir, 2022(3): 38.

[2] Golovin K, Dhyani A, Thouless M D, et al. Low-interfacial toughness materials for effective large-scale deicing[J]. Science, 2019, 364(6438):371-375.

[3] Wang J, Zhan Z, Pang Z, et al. Effect of Doping SiO_2 Nanoparticles and Phenylmethyl Silicone Oil on the Large-Scale Deicing Property of PDMS Coatings[J]. ACS Applied Materials and Interfaces, 2022, 14, 42: 48250-48261.

[4] Anish T, Laurie B, Erin W, et al. Facilitating Large-Scale Snow Shedding from In-Field Solar Arrays using Icephobic Surfaces with Low-Interfacial Toughness[J]. Advanced Materials Technologies, 2022, 7(5): 2101032.

[5] Wang J, Zeng Y, Pang Z, et al. Solvent Volatilization-Induced Cross-Linking of PDMS Coatings for Large-Scale Deicing Applications[J]. ACS Applied Polymer Materials, 2023, 5(1):57-66.

[6] Mohseni M, Letícia Recla, Mora J, et al. Quasicrystalline Coatings Exhibit Durable Low Interfacial Toughness with Ice[J]. ACS applied materials & interfaces, 2021,13(30):36517-36526.

[7] Wang P, Yang M, Zheng B, et al. Soft and Rigid Integrated Durable Coating for Large-Scale Deicing[J]. Langmuir. 2023, 39(1): 403-410.

[8] Jiang X, Lin Y, Xuan X, et al. Stiffening surface lowers ice adhesion strength by stress concentration sites[J]. Colloids and Surfaces A: Physicochemical and Engineering Aspects, 2023,666: 131334.